基本情報技術者

[科目B]アルゴリズムとプログラミング
トレーニング問題集（第2版）

はじめに

本トレーニング問題集（以下、本書という）は、国家試験である基本情報技術者の科目Ｂ試験に出題される「アルゴリズムとプログラミング」で得点するための実力を養成することを主眼に作成しました。別冊「アルゴリズム　テキスト＆ドリル」を用いたインプット学習後に本書をお使いください。

「アルゴリズムとプログラミング」は内容の特性から、得点アップのためには継続した学習の積み重ねがとても重要です。それは筋力トレーニングと似ており、「アルゴリズムとプログラミング」の本試験問題を解くための筋肉を、脳に構築していく必要があります。そのための**最大のポイントは、毎日「アルゴリズムとプログラミング」に触れること**です。

本書の制作コンセプトは、『問題文や空欄箇所を最小限に留め、1問当たり5～10分で解ける問題を揃えること』でした。それはひとえに『毎日、本書を開いてほしい』という教員一同の強い願いによるものです。一日に1問でも結構です。**毎日の演習を継続し、ひと通り解き終わったら二順目、三順目と繰返し演習することで、本書は最大の効果を発揮します。**

本書を学習された皆さんが合格することを心よりお祈り申し上げます。

資格の大原　情報処理講座本部

本書の使い方

1.本書の位置付け

本書は、別冊「アルゴリズム　テキスト&ドリル」の補助教材に位置しており、学習テーマや掲載順序が対応しています。インプット学習後に、本書を使って継続的にアウトプットのトレーニングをしてください。

2.チェック欄の使用方法

チェック欄に「○」「△」「×」を付けながら問題を解きましょう。

記号	意味
○	理解して正解できた 復習が不要
△	正解できたが曖昧 二順目に復習が必要
×	正解できなかった 分からなかった

3.解けない問題に直面した場合

問題が解けずに立ち止まってしまった方は、長く考え込まずに模範解答と解説文を読んで理解することを心がけましょう。「二順目のときには解けるように確認する」ことが重要です。また、どのような理由で問題が解けなかったのか、メモを残すようにしましょう。

《メモの例》

- 問題文の意図が読み取れなかった
- トレースがうまくできなかった
- トレースはできたが空欄にぶつかったときにひらめかなかった

4.模範解答一覧と解説

本書の後半に、模範解答と解説文を掲載しています。間違えた（分からなかった）問題は、「どの部分で」「どのように」「なぜ間違えたか」を確認するようにしましょう。

チェックシート

第1部 アルゴリズムの表現方法

問題番号	ページ	テーマ	チェック欄 ※実施日(記号)	
練習1	P.12	擬似言語	/　( )	/　( )
練習2	P.12	擬似言語	/　( )	/　( )
練習3	P.13	擬似言語	/　( )	/　( )
練習4	P.13	擬似言語	/　( )	/　( )
練習5	P.14	擬似言語	/　( )	/　( )
練習6	P.14	擬似言語	/　( )	/　( )
練習7	P.15	擬似言語	/　( )	/　( )
練習8	P.16	擬似言語	/　( )	/　( )
練習9	P.17	擬似言語	/　( )	/　( )
練習10	P.18	擬似言語	/　( )	/　( )
練習11	P.19	擬似言語	/　( )	/　( )
練習12	P.20	擬似言語	/　( )	/　( )
練習13	P.21	擬似言語	/　( )	/　( )
練習14	P.22	擬似言語	/　( )	/　( )
練習15	P.23	擬似言語	/　( )	/　( )
練習16	P.24	擬似言語	/　( )	/　( )
練習17	P.25	擬似言語	/　( )	/　( )
練習18	P.26	擬似言語	/　( )	/　( )
練習19	P.27	擬似言語	/　( )	/　( )
練習20	P.28	擬似言語	/　( )	/　( )

第2部 データ構造とアルゴリズム①

問題番号	ページ	テーマ	チェック欄 ※実施日(記号)	
練習21	P.34	配列	/　(　)	/　(　)
練習22	P.34	配列	/　(　)	/　(　)
練習23	P.35	配列	/　(　)	/　(　)
練習24	P.36	配列	/　(　)	/　(　)
練習25	P.37	配列	/　(　)	/　(　)
練習26	P.38	配列	/　(　)	/　(　)
練習27	P.39	配列	/　(　)	/　(　)
練習28	P.40	配列	/　(　)	/　(　)
練習29	P.41	配列	/　(　)	/　(　)
練習30	P.42	配列	/　(　)	/　(　)
練習31	P.43	配列	/　(　)	/　(　)
練習32	P.44	配列	/　(　)	/　(　)
練習33	P.45	配列	/　(　)	/　(　)
練習34	P.46	配列	/　(　)	/　(　)
練習35	P.47	配列	/　(　)	/　(　)
練習36	P.48	配列	/　(　)	/　(　)
練習37	P.49	配列	/　(　)	/　(　)
練習38	P.50	配列	/　(　)	/　(　)
練習39	P.52	配列	/　(　)	/　(　)

第3部 代表的なアルゴリズム①

問題番号	ページ	テーマ	チェック欄 ※実施日(記号)	
練習40	P.58	探索（サーチ）	/　(　)	/　(　)
練習41	P.58	探索（サーチ）	/　(　)	/　(　)
練習42	P.59	探索（サーチ）	/　(　)	/　(　)
練習43	P.60	探索（サーチ）	/　(　)	/　(　)
練習44	P.62	探索（サーチ）	/　(　)	/　(　)
練習45	P.63	探索（サーチ）	/　(　)	/　(　)
練習46	P.64	探索（サーチ）	/　(　)	/　(　)

第4部 データ構造とアルゴリズム②

問題番号	ページ	テーマ	チェック欄 ※実施日(記号)	
練習47	P.68	リスト	/　(　)	/　(　)
練習48	P.69	リスト	/　(　)	/　(　)
練習49	P.70	リスト	/　(　)	/　(　)
練習50	P.72	リスト	/　(　)	/　(　)
練習51	P.76	木	/　(　)	/　(　)
練習52	P.78	木	/　(　)	/　(　)

第5部 代表的なアルゴリズム②

問題番号	ページ	テーマ	チェック欄 ※実施日(記号)	
練習53	P.82	ハッシュ法	/　(　)	/　(　)
練習54	P.90	整列（ソート）	/　(　)	/　(　)
練習55	P.91	整列（ソート）	/　(　)	/　(　)
練習56	P.92	整列（ソート）	/　(　)	/　(　)
練習57	P.93	整列（ソート）	/　(　)	/　(　)
練習58	P.94	整列（ソート）	/　(　)	/　(　)
練習59	P.95	整列（ソート）	/　(　)	/　(　)
練習60	P.96	整列（ソート）	/　(　)	/　(　)
練習61	P.97	整列（ソート）	/　(　)	/　(　)
練習62	P.98	整列（ソート）	/　(　)	/　(　)
練習63	P.100	整列（ソート）	/　(　)	/　(　)
練習64	P.102	整列（ソート）	/　(　)	/　(　)
練習65	P.104	整列（ソート）	/　(　)	/　(　)
練習66	P.108	文字列処理	/　(　)	/　(　)
練習67	P.110	文字列処理	/　(　)	/　(　)
練習68	P.112	文字列処理	/　(　)	/　(　)
練習69	P.113	文字列処理	/　(　)	/　(　)
練習70	P.114	文字列処理	/　(　)	/　(　)
練習71	P.115	文字列処理	/　(　)	/　(　)
練習72	P.116	文字列処理	/　(　)	/　(　)
練習73	P.117	文字列処理	/　(　)	/　(　)
練習74	P.118	文字列処理	/　(　)	/　(　)
練習75	P.119	文字列処理	/　(　)	/　(　)
練習76	P.120	文字列処理	/　(　)	/　(　)
練習77	P.122	文字列処理	/　(　)	/　(　)

1 擬似言語

擬似言語は、「言語」というよりも、フローチャート流れ図をコンパクトに表現したものと考えればいいでしょう。

アルゴリズムの問題は、この擬似言語で処理手順が書かれていて、指示に従って空欄を埋める形になっていたり、実行結果を求めたりします。

擬似言語の仕様

擬似言語の要素は、「宣言」「注釈（コメント）」「代入」などの基本要素と、「選択」「繰返し」の制御構造、あとは「手続きの呼び出し（関数）」くらいです。

「選択」と「繰返し」の制御構造は、if、if〜else、while、do〜while、forに対応しています。「選択」と「繰返し」については、P.10、11で確認します。

共通に使用される擬似言語の記述形式

擬似言語を使用した問題では、各問題文中に注記がない限り、次の記述形式が適用されているものとする。

〔擬似言語の記述形式〕

記述形式	説明
○***手続名又は関数名***	手続又は関数を宣言する。
型名: ***変数名***	変数を宣言する。
/* ***注釈*** */	注釈を記述する。
// ***注釈***	
変数名 ← ***式***	変数に***式***の値を代入する。
手続名又は関数名(***引数***, …)	手続又は関数を呼び出し，***引数***を受け渡す。

if (***条件式1***)
　処理1
elseif (***条件式2***)
　処理2
elseif (***条件式n***)
　処理n
else
　処理n+1
endif
	選択処理を示す。
	条件式を上から評価し，最初に真になった***条件式***に対応する***処理***を実行する。以降の***条件式***は評価せず，対応する***処理***も実行しない。どの***条件式***も真にならないときは，***処理n+1***を実行する。
	各***処理***は，0 以上の文の集まりである。
	elseif と***処理***の組みは，複数記述することがあり，省略することもある。
	else と***処理n+1***の組みは一つだけ記述し，省略することもある。

while (***条件式***)
　処理
endwhile
	前判定繰返し処理を示す。
	条件式が真の間，***処理***を繰返し実行する。
	処理は，0 以上の文の集まりである。

do 　***処理*** while (***条件式***)	後判定繰返し処理を示す。 ***処理***を実行し，***条件式***が真の間，***処理***を繰返し実行する。 ***処理***は，0 以上の文の集まりである。

for (***制御記述***)
　処理
endfor
	繰返し処理を示す。
	制御記述の内容に基づいて，***処理***を繰返し実行する。
	処理は，0 以上の文の集まりである。

〔演算子と優先順位〕

演算子の種類		演算子	優先度
式		() .	高
単項演算子		not + −	↑
二項演算子	乗除	mod × ÷	
	加減	+ −	
	関係	≠ ≦ ≧ < = >	
	論理積	and	↓
	論理和	or	低

注記　演算子 . は，メンバ変数又はメソッドのアクセスを表す。
　　　演算子 mod は，剰余算を表す。

〔論理型の定数〕

true, false

擬似言語の基本的な形

擬似言語の前半には、変数や関数などの「宣言」部があります。まずここを確認し、使用する変数を把握しましょう。また、各変数の初期値を代入している部分も、必ずチェックしておきましょう。

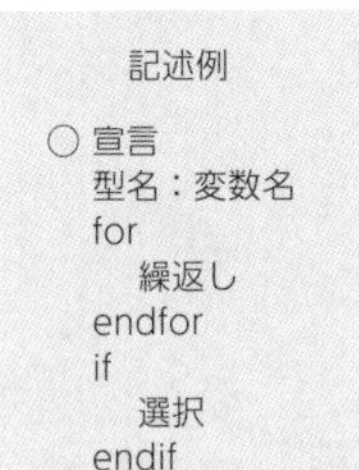

記述例
○ 宣言
型名：変数名
for
繰返し
endfor
if
選択
endif

重要
1行目は○から始まり、「:」がある行は
利用する変数を準備している

擬似言語の問題を攻略するためには、「選択」「繰返し」「関数」の記述に慣れて、動きを読み取ることが不可欠です。一つのプログラムは、一般的に次のような構成になります。

```
○整数型：summation (整数型：n)
  整数型：i , m, p, ans
```
宣言

```
m   ← n÷2         /*mは加算回数*/
p   ← 1+n         /*pは先頭と末尾の和*/
ans ← 0
i   ← 1
```
初期値

処理

```
while( i が m 以下)
  ans ← ans+p
  i   ← i +1
endwhile
```
繰返し

```
if(( m × 2)が n と等しくない) /*nは奇数か*/
  [   (1)   ]
endif
```
選択（条件判断）

```
return ans
```

制御構造の使用例

●選択1(if)

aがb以上なら「処理」を実行

擬似言語
フローチャート
if(aがb以上)
条件式
処理
endif
重要
選択はif
a≧b
いいえ
はい
処理

●選択2(if~else)

aがb以上なら「処理1」を実行、そうでなければ「処理2」を実行

擬似言語
フローチャート
if(aがb以上)
条件式
処理 1
else
処理 2
endif
重要
基本になる
2分岐の形
a≧b
いいえ
はい
処理 1
処理 2

●繰返し1(while)

先頭判定でaがb未満なら「処理」を繰り返す

擬似言語
フローチャート
while(aがbより小さい)
条件式
処理
endwhile
重要
条件が真、つまり成立
していれば繰り返す
a<b
いいえ
はい
処理

●繰返し2(do~while)

末尾判定でaがb未満なら「処理」を繰り返す

擬似言語
フローチャート
do
処理
while(aがbより小さい)
条件式
重要
末尾判定なの
で最低1回は処
理を実行する
処理
a<b
いいえ
はい

●繰返し3(for)

( )の中に、繰返しをコントロールするための変数、初期値と終了値、変化の仕方を書く

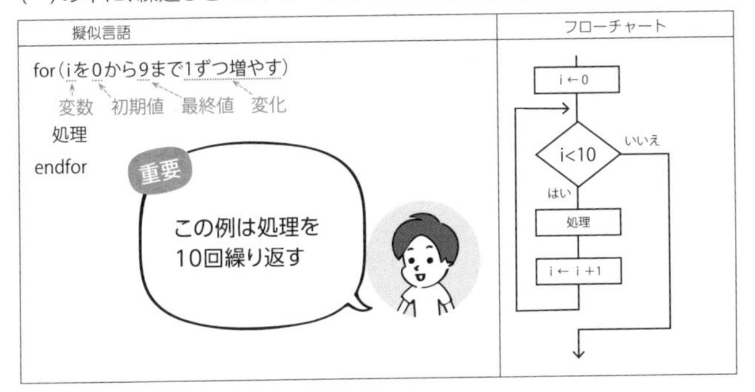

●関数

関数は冒頭の宣言部で関数名と引数を宣言し、それに合わせた関数名で呼び出して、引数データを渡す。

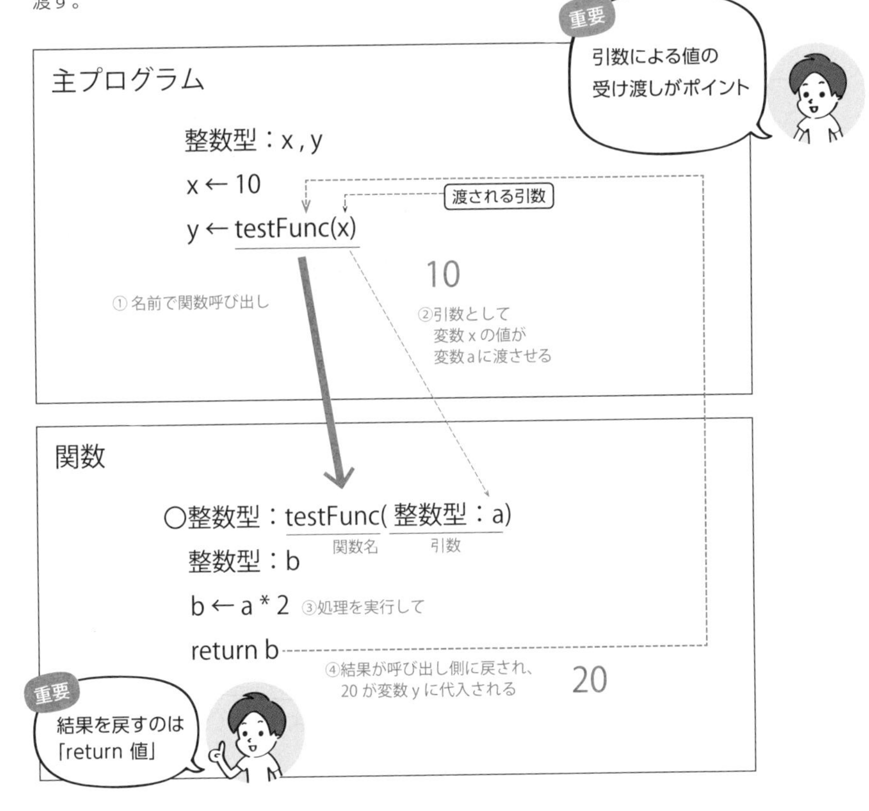

引数tenに受け取った100点満点のテストの点数の評価を，"A"（80点以上の場合），"B"（60点以上80点未満の場合），"C"（それ以外の場合）のいずれかで呼出し元に返す関数seisekiを定義する。

```
○ 文字型：seiseki(整数型：ten)
  if ( [  (1)  ] )
    return "A"
  elseif ( [  (2)  ] )
    return "B"
  else
    return "C"
  endif
```

解答群

ア	tenが79より大きい	イ	tenが79以上
ウ	tenが80より大きい	エ	tenが59以下
オ	tenが60より小さい	カ	tenが59より大きい
キ	tenが59以上	ク	tenが60より大きい

引数tenに受け取った100点満点のテストの点数の評価を，"A"（80点以上の場合），"B"（60点以上80点未満の場合），"C"（それ以外の場合）のいずれかで呼出し元に返す関数seisekiを定義する。

```
○ 文字型：seiseki(整数型：ten)
  if ( [  (1)  ] )
    return "C"
  elseif ( [  (2)  ] )
    return "A"
  else
    return "B"
  endif
```

解答群

ア	tenが79より大きい	イ	tenが79以上
ウ	tenが80より大きい	エ	tenが59以下
オ	tenが60以下	カ	tenが59より大きい
キ	tenが59以上	ク	tenが60より大きい

引数yに受け取った4桁の正の整数値を西暦年とみなし，それがうるう年か否かを判定する。うるう年とは，西暦年が次の条件を満たす年である。

(1)　400で割り切れる。

(2)　4で割り切れ，100で割り切れない。

```
○ isleap(整数型：y)
  論理型：leap ← false
  if (y mod 400)が0と等しい)        /* modは剰余演算子 */
    leap ← true
  elseif (y mod 4)が0と等しい)
    if (y mod 100)が0と等しくない)
      leap ← true
    endif
  endif
  if ( [ (1) ] )
    "うるう年でない" と出力
  else
    "うるう年である" と出力
  endif
```

解答群　ア　leapがtrueと等しい　　イ　(not leap)がtrueと等しい

入力装置から0以上の数値を変数dataに読み込み，その和を求める。数値は0件以上入力され，負の数値が入力されるまで処理を繰り返す。

```
実数型：ans, data
ans ← 0.0
dataに数値を入力
while (dataが0.0以上)
  [ (1) ]
  dataに数値を入力
endwhile
ansを出力
```

解答群　ア　ans ← data　　　　イ　data ← ans + data
　　　　ウ　ans ← ans + data

入力装置から，負の数値が入力されるまで数値を変数dataに読み込み，その平均を求める（負の数値は含めない）。

```
実数型：sum, data, avg
整数型：n
sum ← 0
n ← 1
dataに数値を入力
while (dataが0.0以上)
  sum ← sum + data
  n ← [  (1)  ]
  dataに数値を入力
endwhile
n ← [  (2)  ]
if (nが0でない)
  avg ← sum ÷ n
endif
```

解答群　ア　n − 1　　イ　n + 1

1～10の値を変数ansに加算する。

```
整数型：ans, atai
ans ← 1
for (ataiを [  (1)  ] 1ずつ増やす)
  ans ← ans + atai
endfor
```

解答群　ア　0から9まで　　イ　1から10まで　　ウ　2から10まで

解答➡ P.129　標準学習時間 10min

1からnまでの整数の和を，n／2回の加算の繰返しで求める。

```
○ 整数型：summation(整数型：n)
  整数型：i，m，p，ans
  m ← n ÷ 2                  /* mは加算回数，端数は切り捨て */
  p ← 1 + n                  /* pは先頭と末尾の和 */
  ans ← 0
  i ← 1
  while（ i がm以下）
    ans ← ans + p
    i ← i + 1
  endwhile
  if (m × 2がnと等しくない)    /* nは奇数か */
    [    (1)    ]
  endif
  return ans
```

解答群
ア　ans ← ans − 1　　イ　ans ← ans + 1
ウ　ans ← ans − i　　エ　ans ← ans + i

練習 8

引数dに受け取った正の整数値の0の桁を全て5に置き換えた値を返す。
例　d=1002030のとき1552535を，d=12345のとき12345を返す。

```
○ 整数型：zero2five(整数型：d)
  整数型：x, y, z
  y ← 0
  z ← 1
  while (dが0より大きい)
    x ← d mod 10                /* xはdの1の位の値 */
    if (xが0と等しい)
      y ← y + 5 × z
    else
      y ← y + x × z
    endif
    d ← [   (1)   ]
    z ← [   (2)   ]
  endwhile
  return y
```

解答群　ア　d ÷ 10　　イ　d × 10
　　　　ウ　z ÷ 10　　エ　z × 10

解答➡P.130　標準学習時間 5min

1からnまでの整数を順番に表示する。ただし，その整数が3で割り切れるときは"Fizz"を，5で割り切れるときは"Buzz"を，3でも5でも割り切れるときは"FizzBuzz"を，それぞれ整数の代わりに表示する。

(1)　nの値は100とする。
(2)　aをbで割った余りは，a mod bで求める。
(3)　整数や文字列を表示するごとに改行する。
(4)　表示や改行は，次の例に従って行う。

処理内容	プログラムでの記述方法
変数 i の内容を表示する	i を表示
文字列"abc"を表示する	"abc"を表示
改行する	改行を実行

```
○ fizzbuzz( )
  整数型：i                    /* 1から数える カウンタ */
  整数型：n
  n ← 100
  i ← 1
  while ( i がn以下)
    if ( [ (1) ] )
      "Fizz" を表示
      if ( [ (2) ] )
        "Buzz" を表示
      endif
    else
      if ( [ (2) ] )
        "Buzz" を表示
      else
        i を表示
      endif
    endif
    改行を実行
    i ← i + 1
  endwhile
```

解答群
ア　(i mod 3)が0と等しくない
イ　(i mod 3)が0と等しい
ウ　(i mod 5)が0と等しくない
エ　(i mod 5)が0と等しい

練習10

解答➡P.131

n以下の素数を出力する。素数とは，1とその数自身でしか割り切れない正の整数である。ここでは，次のことは既知とする。

(1)　最小の素数は2である。

(2)　2以外の素数は必ず奇数である。

(3)　2より大きい素数でない奇数αは，3～α−1の範囲の数の中の奇数を約数にもつ。つまり，この範囲のいずれかの奇数で割り切れる。

```
○ primenumber(整数型：n)
  整数型：i，j，flg
  2を出力                              /* 最初の素数2を出力 */
  for ( [ (1) ] )
    flg ← 1
    j ← 3
    while ((jが i − 1以下) and (flgが1と等しい))
      if ((i mod j)が0と等しい)     /* modは剰余演算子 */
        flg ← 0
      endif
      j ← j + 2
    endwhile
    if ( [ (2) ] )
      i を出力
    endif
  endfor
```

解答群
- ア　i を2からnまで1ずつ増やす
- イ　i を2からnまで2ずつ増やす
- ウ　i を3からnまで2ずつ増やす
- エ　i を3からnまで3ずつ増やす
- オ　flgが0と等しい
- カ　flgが1と等しい
- キ　flgが1と等しくない

練習11

解答➡P.131　標準学習時間 10min

$y=f(x)=x^2$の$(0 \leqq x_1 \leqq x_2)$の範囲の面積s(図の網掛け部分)を,次の手順で求める。

(1)　区間x_1～x_2をn等分し,1区間当たりの幅δを求める。

(2)　次の式により面積sを計算し,nの値と共に出力する。

$$s=\frac{\delta}{2}\left\{f(x_1)+f(x_2)+2\times\sum_{i=1}^{n-1}f(x_1+i\times\delta)\right\}$$

(3)　nの値を2倍し,それが65,536を超えていなければ(1)に戻る。

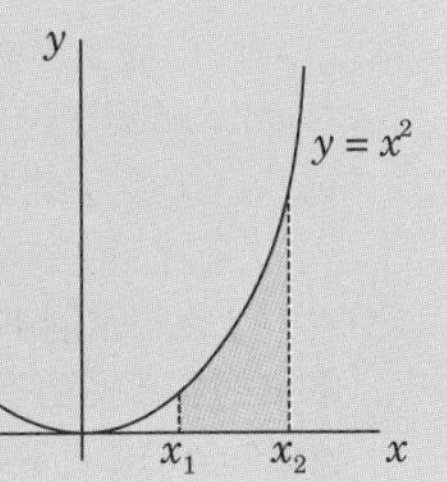


```
○ trapezoidal_rule(実数型：x1, 実数型：x2)
  整数型：i, n ← 2
  実数型：delta, s, t, u
  u ← f(x1) + f(   (1)   )
  while (nが65536以下)
    delta ← (x2 − x1) ÷ n
    t ← 0.0
    for (iを1からn − 1まで1ずつ増やす)
      t ← t + f(   (2)   )
    endfor
    s ← (u + 2 × t) × delta ÷ 2
    nとsを出力
    n ← n × 2
  endwhile

○ 実数型：f(実数型：x)
  return x × x
```

解答群

ア　x1　　イ　x2

ウ　x1 + delta　　エ　x1 + i × delta

オ　x2 + delta　　カ　x2 + i × delta

円周率π(=3.141592…)の近似値を求める。

(1)　0以上1未満の一様乱数を2個発生させ，それぞれをx, yとする。

(2)　xとyの値を平面上のxy座標とみなすと，この座標をもつ点は，縦横がいずれも1の正方形の内部に存在する。更に，x, yの値が$x^2+y^2<1$を満たすとき，この点は半径1の円の，右上部分の内部（右図の網掛け部分）に存在する。

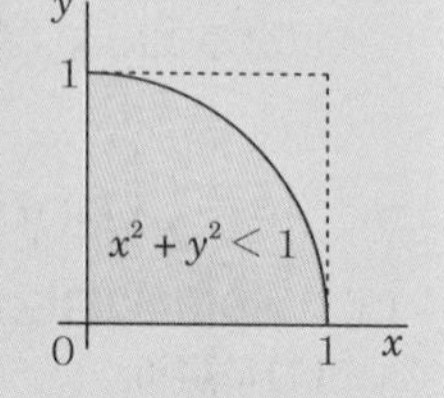

(3)　(1)を一定回数繰り返したとき，正方形内部の点の個数に対する網掛け部分内部の点の個数の比率は，円周率πの1/4の値とみなすことができる。

(4)　nの値と個数の比率を4倍した値を出力する。

プログラムでは，0以上1未満の一様乱数を返す関数rnd( )が利用できるものとする。

```
○ approximation_of_pi(整数型：n)          /* nは繰返し回数 */
  整数型：i ← 1, m ← 0
  実数型：x, y
  while ( i がn以下)
    x ← rnd( )
    y ← rnd( )
    if (x × x + y × yが1より小さい)
      [    (1)    ]
    endif
    i ← i + 1
  endwhile
  nと [    (2)    ] を出力
```

解答群
- ア　m ← m + 1
- イ　n ← n + 1
- ウ　4.0 × n ÷ m
- エ　4.0 × m ÷ n

引数nに受け取った正の整数の平方根の近似値を，次の計算により求める。

(1)　変数xの初期値をn，変数yの初期値を1とする。

(2)　x − yが変数dの値未満になるまで，次の①，②を繰り返す。

①　xとyの平均値をxの新たな値とする。

②　n ÷ xをyの新たな値とする。

(3)　呼出し元にyを返す。

なお，float(n)は，整数値nを実数値に変換する関数である。

```
○ 実数型：square_root(整数型：n)
  実数型：y ← 1.0, d ← 0.00001, fn
  fn ← float(n)
  x ← fn
  while ((x − y)がd以上)
    x ← [  (1)  ]
    y ← [  (2)  ]
  endwhile
  return y
```

解答群
- ア　x + y
- イ　(x + y) × 0.5
- ウ　(x + y) × 2.0
- エ　fn × x
- オ　fn ÷ x

練習問題

練習14

解答➡ P.133

1×1から9×9までの九九の値を出力する。

実行例

1	2	3	4	5	6	7	8	9
2	4	6	8	10	12	14	16	18
3	6	9	12	15	18	21	24	27
4	8	12	16	20	24	28	32	36
5	10	15	20	25	30	35	40	45
6	12	18	24	30	36	42	48	54
7	14	21	28	35	42	49	56	63
8	16	24	32	40	48	56	64	72
9	18	27	36	45	54	63	72	81

```
整数型：i, j
i ← 1
while（i が10より小さい）              /* 被乗数ループ */
  j ← 1
  while（j が10より小さい）            /* 乗数ループ */
    i × j を出力
    [   (1)   ]
  endwhile
  改行を実行
  [   (2)   ]
endwhile
```

解答群　ア　i ← i − 1　　イ　i ← i + 1
　　　　ウ　j ← j − 1　　エ　j ← j + 1

練習 15

解答➡ P.133　標準学習時間 5min

負でない整数nの階乗*n!*を求め，呼出し元に返す。*n!*は次のように定義される。

$n! = n \times (n-1) \times (n-2) \times \cdots \times 2 \times 1$
$\quad = n \times (n-1)!$

ただし，0!=1

```
○ 整数型：fact(整数型：n)
  if (nが1以下)
    return 1
  else
    return n × [  (1)  ]
  endif
```

解答群
ア (n − 1)　　イ (n + 1)　　ウ fact(n − 1)
エ fact(n)　　オ fact(n + 1)

練習16

二つの正の整数m, nの最大公約数を，以下の手順で求め，呼出し元に返す。

(1)　二つの数のうち，大きい方をa，小さい方をbとする。

(2)　a÷bの余りを求める。

①　余りが0ならば，そのときのbが求める最大公約数である。

②　余りが0でないならば，aをbに，bをa÷bの余りに，それぞれ置き換え，(2)に戻る。

```
○ 整数型：gcd1(整数型：m, 整数型：n)
  if (mがnより大きい)
    return [    (1)    ]
  else
    return [    (2)    ]
  endif

○ 整数型：gcd2(整数型：a, 整数型：b)
  整数型：t
  t ← a mod b                    /* modは剰余演算子 */
  if (tが0と等しい)
    return b
  else
    return [    (3)    ]
  endif
```

解答群

ア　gcd2(m, n)　　イ　gcd2(n, m)

ウ　gcd2(a, b)　　エ　gcd2(a, t)

オ　gcd2(t, a)　　カ　gcd2(b, t)

キ　gcd2(t, b)

練習 17

解答➡ P.134　標準学習時間 5min

正の整数は，他の整数の2乗和で表すことができる。

例

$6=1^2+1^2+2^2$, $10=1^2+3^2$, $15=1^2+1^2+2^2+3^2$, $100=10^2$

次のプログラムは，引数nに受け取った正の整数が，少なくとも幾つの整数の2乗和で表されるか（n=6, 10, 15, 100に対し，3, 2, 4, 1）を求め，呼出し元に返す関数である。

(1)　$\sqrt{n}$ の小数部が0，つまり $\sqrt{n}$ が整数のとき，1を返す。

(2)　n≦3のとき，nを返す。

(3)　nが(1)，(2)に当てはまらないとき，次の方法でrを求め，rを返す。

①　rの初期値をnとする。

②　1以上n以下の整数xについて，$x^2>n$ となるまで，rと $1+\sqrt{n-x^2}$ の小さい方をrとする処理を繰り返す。

なお，sqrt( )は引数の正の平方根を求める関数，int( )は引数の整数部を求める関数，min( )は引数の最小値を求める関数である。

```
○ 整数型：square(整数型：n)
  整数型：r, x, t
  if ( [    (1)    ] と等しい)
    return 1
  elseif (nが3以下)
    return n
  else
    r ← n
    for (xを1からnまで1ずつ増やす)
      [    (2)    ]
      if (tがnより大きい)
        break                    /* 繰返しを終了する */
      endif
      r ← min(r, 1 + sqrt(n − t))
    endfor
    return r
  endif
```

解答群
- ア　nがsqrt(n)
- イ　sqrt(n)がint(sqrt(n))
- ウ　sqrt(n)がsqrt(int(n))
- エ　r ← x × x
- オ　t ← x
- カ　t ← x × x

次の二つのプログラムは，いずれも作業領域を用いずに変数xとyの記憶内容を交換するものである。

○ swap1(整数型：x, 整数型：y)
　x ← x + y
　y ← x − y
　[(1)]

○ swap2(整数型：x, 整数型：y)
　x ← x × y
　[(2)]
　x ← x ÷ y

解答群			
	ア　x ← x − y	イ　x ← x + y	ウ　x ← y − x
	エ　y ← x − y	オ　y ← x + y	カ　y ← y − x
	キ　x ← x × y	ク　x ← x ÷ y	ケ　x ← y ÷ x
	コ　y ← x × y	サ　y ← x ÷ y	シ　y ← y ÷ x

練習19

解答➡P.136
標準学習時間 5min

1以上の値nに対し，漸化式

$f_i=f_{i-2}+f_{i-1}$　　ただし，$f_1=f_2=1$

に基づく値を計算し，f_nの値を呼出し元に返す。

```
○ 整数型：fibonacci(整数型：n)
  整数型：i , f1, f2, f
  if (nが2以下)
    return 1
  else
    f1 ← 1
    f2 ← 1
    for（i を3からnまで1ずつ増やす）
      f ← f1 + f2
      [    (1)    ]
      [    (2)    ]
    endfor
  return f
endif
```

解答群　ア　f1 ← f　　イ　f2 ← f　　ウ　f1 ← f2
　　　　エ　f ← f1　　オ　f ← f2

次の図形を表示する。

```
*  +  +  +  +  +  +  +  +  +
-  *  +  +  +  +  +  +  +  +
-  -  *  +  +  +  +  +  +  +
-  -  -  *  +  +  +  +  +  +
-  -  -  -  *  +  +  +  +  +
-  -  -  -  -  *  +  +  +  +
-  -  -  -  -  -  *  +  +  +
-  -  -  -  -  -  -  *  +  +
-  -  -  -  -  -  -  -  *  +
-  -  -  -  -  -  -  -  -  *
```

```
整数型：i , j
i ← 1
while ( i が10以下)                          /* 行を制御 */
  j ← 1
  while ( [   (1)   ] )
    "-" を出力
    j ← j + 1
  endwhile
  "*" を出力
  [   (2)   ]
  while ( j が10以下)
    "+" を出力
    j ← j + 1
  endwhile
  改行を実行
  [   (3)   ]
endwhile
```

解答群

ア	j が i より小さい	イ	j が i 以下
ウ	j が i より大きい	エ	i ← i + 1
オ	j ← i	カ	j ← j + 1

2 配列

「配列」自体はアルゴリズムの話ではありません。配列というのは変数の一種で、「データ構造」という分野の話です。

なぜアルゴリズムの解説に配列の項があるかというと、探索・並べ替え・文字列処理など、ほとんどのアルゴリズムで、対象になるデータを配列に入れて扱うからです。

配列の扱いに慣れておかないと、アルゴリズム以前の問題として、やっている操作の意味が理解できなくなってしまいます。

配列は中を区切った箱

通常の変数は、データがひとつだけ入る箱です。配列も同様にデータを入れる箱と考えていいのですが、箱の中を区切っておくことにより、複数のデータを入れることができます。

配列内の区画には、一連の番号が付けられています。「a」という名前の配列があり、その「3番の区画」を使いたければ、a[3]といった書き方で指定します。この場合、「a」を配列名、[3]の部分を添字(そえじ)と呼びます。

添字は一連の番号なので、[3]と[4]の間にひとつ割り込ませるというように、配列の途中にデータを挿入／削除するのは面倒です。それ以降のデータを全部ひとつずつずらす、という処理が必要になるためです。

配列を扱う問題では、「最大N個のデータ」というように、たいていは最大データ数が指定されています。これが添字(番号)の最大値になるので、しっかり把握しておきましょう。

添字の番号は、0から始まる場合と、1から始まる場合とがあります。必ず問題文で確認してください。

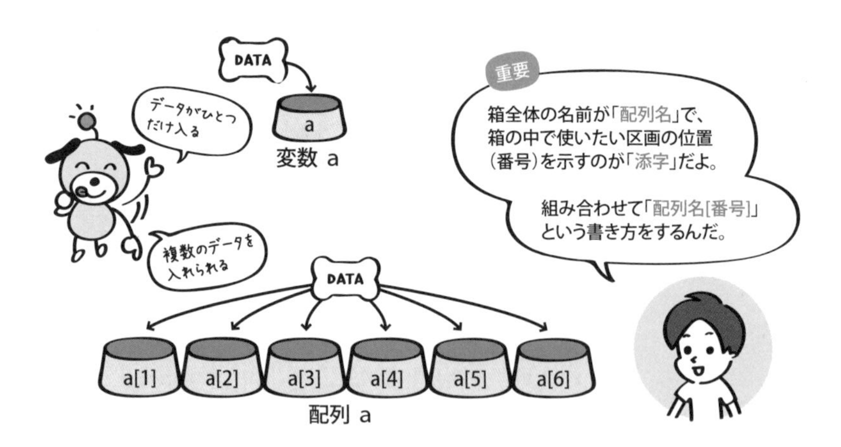

よく使う配列内の位置指定

実際のプログラムやアルゴリズムの問題では、たいていの場合、添字には変数を使います。

そして、例えば変数iで添字を指定したら、その前後という意味で、[i-1]や[i+1]といった添字もよく使われます。こうした書き方にも慣れておきましょう。

1次元配列の添字と位置

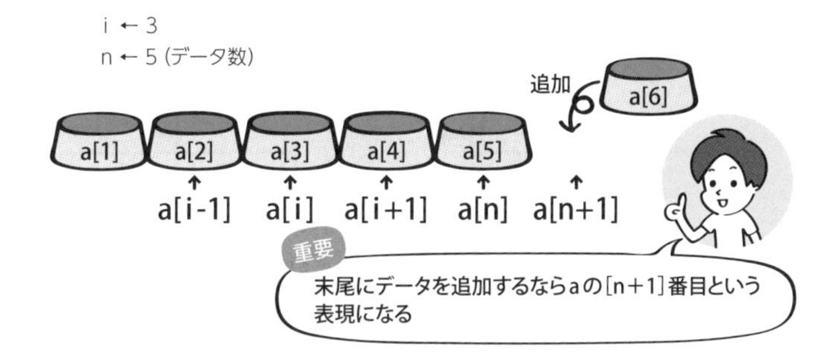

2次元配列にも慣れておこう

a[2]などというように、添字がひとつ付いている配列を「1次元配列」と言います。配列には添字が2つ以上付いたものもありますが、少なくとも、添字が2つ付いた「2次元配列」までは、使いこなせるようになっておきましょう。

2次元配列は、ひとつの箱を縦横に区切ったもの、と考えてください。縦方向と横方向に各々番号を付けて、その組み合わせで箱の中の区画の位置を指定します。

添字は、縦横の位置を示す数字を[]で挟んで、a[3, 2]などというように、変数名の後に2つ並べて書きます。

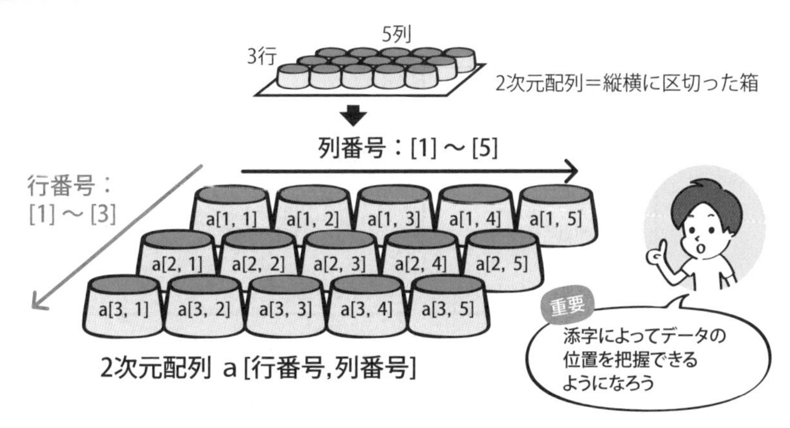

「繰返し」処理と配列

実際のプログラムでは、配列のデータは「繰返し」で処理することが多くなります。アルゴリズムの記述を見て、配列をどのような順番で処理しているのか、把握できるようにしておきましょう。

1次元配列の処理方向

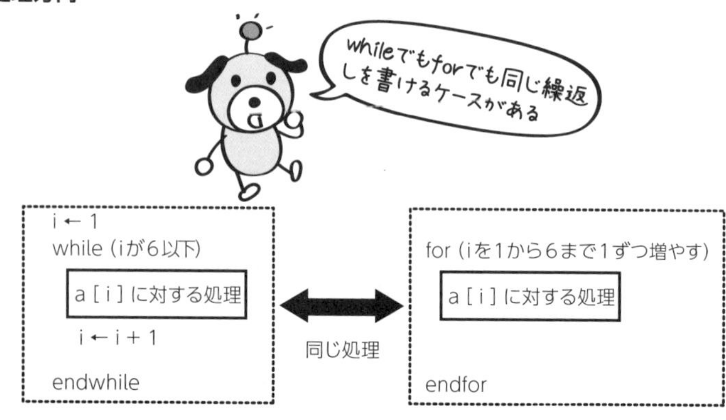
whileでもforでも同じ繰返しを書けるケースがある
i ← 1
while (iが6以下)
a [i] に対する処理
i ← i + 1
endwhile
同じ処理
for (iを1から6まで1ずつ増やす)
a [i] に対する処理
endfor

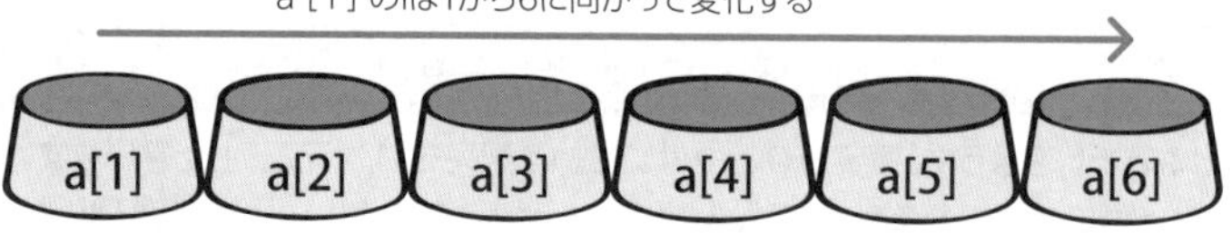
a [i] のiは1から6に向かって変化する
a[1]
a[2]
a[3]
a[4]
a[5]
a[6]

重要
添字の値を増やしていくか減らしていくかで処理方向が変わるよ。

i ← 6
while (iが1以上)
a [i] に対する処理
i ← i − 1
endwhile

同じ処理

for (iを6から1まで1ずつ減らす)
a [i] に対する処理
endfor

a [i] のiは6から1に向かって変化する

a[1] a[2] a[3] a[4] a[5] a[6]

2次元配列の処理方向

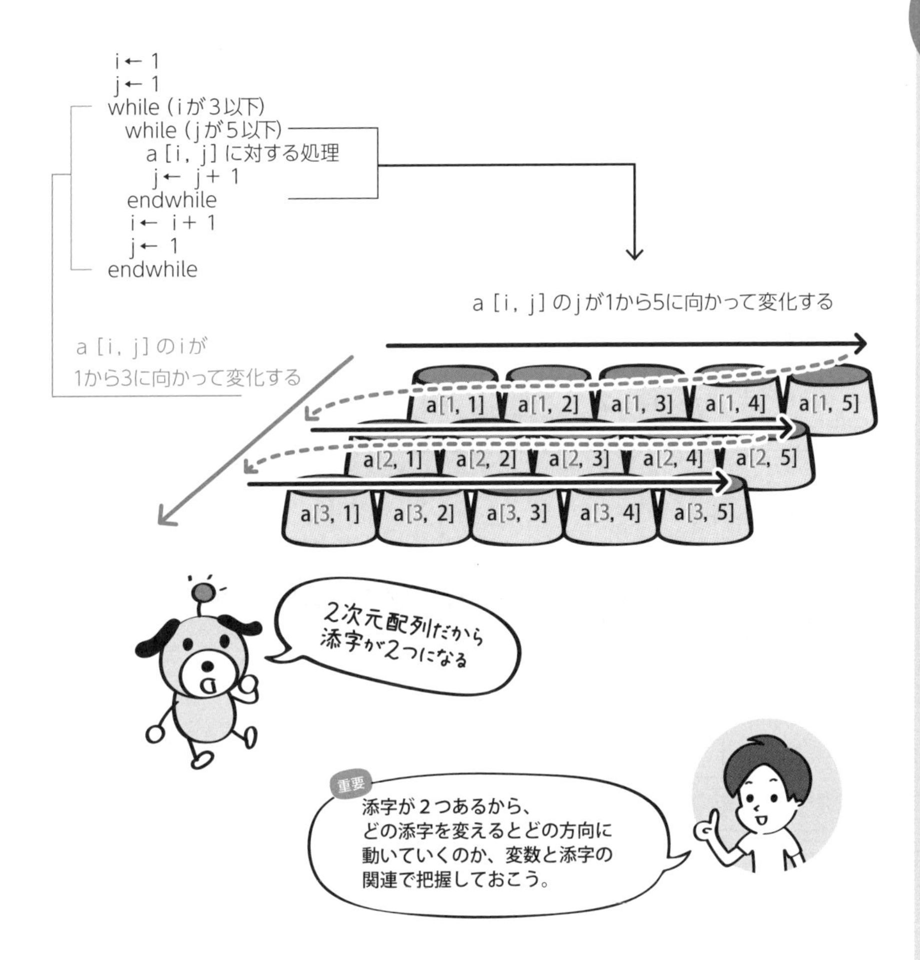

i← 1
j← 1
while (iが3以下)
while (jが5以下)
a [i, j] に対する処理
j← j+ 1
endwhile
i← i+ 1
j← 1
endwhile
a [i, j] のjが1から5に向かって変化する
a [i, j] のiが
1から3に向かって変化する
a[1, 1] a[1, 2] a[1, 3] a[1, 4] a[1, 5]
a[2, 1] a[2, 2] a[2, 3] a[2, 4] a[2, 5]
a[3, 1] a[3, 2] a[3, 3] a[3, 4] a[3, 5]
2次元配列だから
添字が2つになる

重要

添字が２つあるから、
どの添字を変えるとどの方向に
動いていくのか、変数と添字の
関連で把握しておこう。

練習 21

解答➡ P.138 標準学習時間 5min

10進数n（0≦n≦255）を8桁の2進数に変換する。2進数は下位桁から順に，配列の要素nishin［1］からnishin［8］に格納する。

例　n=157（$=10011101_2$）のとき

	1	2	3	4	5	6	7	8
nishin	1	0	1	1	1	0	0	1

```
○ tobin(整数型：n, 整数型の配列：nishin)
  整数型：i
  for（iを1から8まで1ずつ増やす）
    nishin[    (1)    ] ← n mod 2
        (2)
  endfor
```

解答群
ア　i　　イ　8－i　　ウ　8＋i
エ　9－i　　オ　9＋i　　カ　n←n×2
キ　n←n÷2

練習 22

10進数n（0≦n≦255）を8桁の2進数に変換する。2進数は下位桁から順に，配列の要素nishin［8］からnishin［1］に格納する。

例　n=157（$=10011101_2$）のとき

	1	2	3	4	5	6	7	8
nishin	1	0	0	1	1	1	0	1

```
○ tobin(整数型：n, 整数型の配列：nishin)
  整数型：i
  for（iを1から8まで1ずつ増やす）
    nishin[    (1)    ] ← n mod 2
        (2)
  endfor
```

解答群
ア　i　　イ　8－i　　ウ　8＋i
エ　9－i　　オ　9＋i　　カ　n←n×2
キ　n←n÷2

練習 23

解答➡P.139　標準学習時間 10min

　要素番号(添字)1～nの位置に値が格納されている配列aを対象とする，次の二つの手続を定義する。

・手続insert

　要素番号m(1≦m≦n)以降の値をそれぞれ一つ後ろにずらし，要素番号mの位置に値dを追加する

・手続delete

　要素番号m+1(1≦m≦n)以降の値をそれぞれ一つ前にずらすことにより，要素番号mの位置の値を削除する

なお，配列aは十分な領域が確保されているものとする。

```
○ insert(整数型の配列：a, 整数型：n, 整数型：m, 整数型：d)
  整数型：i
  i ← n
  while ( i がm以上)
    [     (1)     ]
    i ← i − 1
  endwhile
  a[m] ← d
  n ← n + 1

○ delete(整数型の配列：a, 整数型：n, 整数型：m)
  整数型：i
  i ← m
  while ( i がnより小さい)
    [     (2)     ]
    i ← i + 1
  endwhile
  n ← n − 1
```

解答群　ア　a[i − 1] ← a[i]　　イ　a[i] ← a[i − 1]
　　　　ウ　a[i + 1] ← a[i]　　エ　a[i] ← a[i + 1]

練習24

配列aの内容(a[1]～a[n])を，mが示す要素数分，左方向にローテート(巡回シフト)する。

例　n=7, m=3の場合

ローテート前

	[1]	[2]	[3]	[4]	[5]	[6]	[7]
a	10	20	30	40	50	60	70

ローテート後

	[1]	[2]	[3]	[4]	[5]	[6]	[7]
a	40	50	60	70	10	20	30

```
○ rotate_l(整数型の配列：a, 整数型：n, 整数型：m)
  整数型：t, i , j
  for ( i を1からmまで1ずつ増やす)
    t ← a[1]                         /* 先頭要素の退避 */
    for ( j を2からnまで1ずつ増やす)
      [    (1)    ]
    endfor
    [    (2)    ]                     /* 退避した要素の挿入 */
  endfor
```

解答群
ア　a[j] ← a[j − 1]　　イ　a[j] ← a[j + 1]
ウ　a[j − 1] ← a[j]　　エ　a[j + 1] ← a[j]
オ　a[1] ← t　　カ　a[n] ← t

解答➡ P.140　標準学習時間 5min

配列を用い，後入れ先出しのデータ構造であるスタックに対する操作，pushとpopをシミュレートする。ここで，添字は0から始まり，処理中に配列範囲を超える状態は生じないものとする。

例

push(6)の実行

	[0]	[1]	[2]	[3]	
a	20	5	15	↑6	…

その時点の末尾の直後にデータを格納

pop( )の実行

	[0]	[1]	[2]	[3]	
a	20	5	15	6↓	…

その時点の末尾のデータを返す

```
大域：整数型：sp ← 0
大域：整数型の配列：a

○ push(整数型：x)
   [ (1) ]

○ 整数型：pop( )
   [ (2) ]
```

解答群

ア　a[sp + 1] ← x

イ　sp ← sp + 1
　　a[sp] ← x

ウ　a[sp] ← x
　　sp ← sp + 1

エ　return a[sp − 1]

オ　sp ← sp − 1
　　return a[sp]

カ　return a[sp]
　　sp ← sp − 1

2 配列

整数値が格納された配列要素a[1]～a[n]について，降順（大きい順）に付けた順位を配列bに求める。

例

	1	2	3	4	5	6
a	30	55	20	30	40	60

のとき，

	1	2	3	4	5	6
b	4	2	6	4	3	1

※4位のデータ30が二つあるため，20の順位は6となる。

①　順位の初期値を1とする。

②　配列aの先頭から順に，一つ次の要素以降と大小を比較し，小さい方の順位を一つ下げる。

```
○ order(整数型の配列：a, 整数型の配列：b, 整数型：n)
  整数型：i , j
  for ( i を1からnまで1ずつ増やす)
    b[ i ] ← 1                        /* 順位の初期値を1とする。*/
  endfor
  for ( i を1からn － 1まで1ずつ増やす)
    for ( j をi + 1からnまで1ずつ増やす)
      if (a[ i ]がa[ j ]より大きい)
        [    (1)    ]
      else
        if (a[ i ]がa[ j ]より小さい)
          [    (2)    ]
        endif
      endif
    endfor
  endfor
```

解答群　ア　b[i] ← b[i] － 1　　イ　b[i] ← b[i] + 1
　　　　ウ　b[j] ← b[j] － 1　　エ　b[j] ← b[j] + 1

解答➡P.140 標準学習時間 5min

n次多項式

$$f(x)=a_n x^n+a_{n-1}x^{n-1}+a_{n-2}x^{n-2}+\cdots+a_1x+a_0$$

の値を求める。その際，上式を

$$f(x)=(\cdots((a_nx+a_{n-1})x+a_{n-2})x+\cdots+a_1)x+a_0$$

と変形し，内側の括弧内から計算を繰り返す。

ここで，係数a_0～a_nの値は，配列aのa[0]～a[n]に格納されているものとする。

```
○ 実数型：polynomial(実数型の配列：a, 実数型：x, 整数型：n)
  整数型：i
  実数型：y
  y ← a[n]
  i ← n − 1
  while（iが0以上）
    y ← [   (1)   ]
    i ← i − 1
  endwhile
  return y
```

解答群
ア x＋a[i]　　イ y×a[i]×x
ウ y×x＋a[i]　エ y×a[i]＋x

2 配列

練習28

0からn−1までの値が重複せずにランダムな順に格納された要素数nの配列(添字は0から始まる)を引数に受け取り，配列の添字 i の位置に i が格納されるようにする。

ただし，0からn−1までの全ての値が存在するとは限らず，存在しない値は-1となっている。

例　n=10で，5，7，8が存在しない場合

	0	1	2	3	4	5	6	7	8	9
実行前	2	-1	6	1	9	3	0	-1	4	-1

	0	1	2	3	4	5	6	7	8	9
実行後	0	1	2	3	4	-1	6	-1	-1	9

(1)　i を0からn−1まで1ずつ変化させる。
(2)　i のそれぞれの値について，j を0からn−1まで1ずつ変化させる。
(3)　配列の要素番号 j の要素が i と等しい場合，要素番号 j の要素と要素番号 i の要素を交換後，i を次の値に変える。

```
○ rearrange(整数型の配列：a, 整数型：n)
  整数型：i , j , t
  for ( i を0からn − 1まで1ずつ増やす)
    for ( j を0からn − 1まで1ずつ増やす)
      if ( [    (1)    ] )
        t ← a[ j ]
        [    (2)    ]
        [    (3)    ]
        break                    /* 内ループを終了させる */
      endif
    endfor
  endfor
```

解答群
ア　a[i] ← a[j]　　　イ　a[i] ← t
ウ　a[i]が i と等しい　　エ　a[i]が i と等しくない
オ　a[j] ← a[i]　　　カ　a[j] ← t
キ　a[j]が i と等しい　　ク　a[j]が i と等しくない

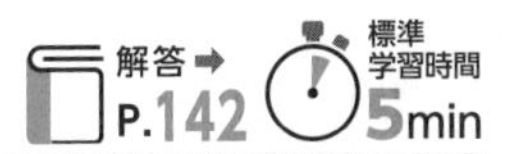

1から100までの値がランダムに格納された要素数nの配列a（添字は1から始まる）について，それぞれの値の度数（個数）を配列要素x[1]からx[100]に求める。
なお，配列aは，存在しない値や重複して存在する値を含む。

例　1が3個，100が5個ある場合
　　x[1]=3，x[100]=5

```
○ countnumber(整数型の配列：a, 整数型：n, 整数型の配列：x)
  整数型：i
  for（iを1から100まで1ずつ増やす）
    x[i] ← 0
  endfor
  for（iを1からnまで1ずつ増やす）
    [    (1)    ]
  endfor
```

解答群　ア　x[a[i]] ← x[a[i]] + 1　　イ　x[i] ← i + 1
　　　　ウ　x[i] ← x[i] + 1

要素数nの1次元配列a（添字は0から始まる）について，0ではない要素の並び順を保ったまま，0の要素を配列の後方に移動させる。

例

実行前	0	8	5	3	-2	-5	0	7	-6	4
実行後	8	5	3	-2	-5	7	-6	4	0	0

(1)　変数countを0で初期化する。
(2)　配列の先頭から末尾までを順に走査し，0ではない要素を見つけたら，その要素を配列の添字countの位置に入れ，countに1を加える。
(3)　配列の末尾に達したら，最後の非0要素より後ろの要素を0に変える。

```
○ zerotoend(整数型の配列：a, 整数型：n)
  count ← 0
  for (iを0からn − 1まで1ずつ増やす)
    if (a[i]が0でない)
      a[count] ← a[i]
      count ← count + 1
    endif
  endfor
  for (iを[ (1) ]からn − 1まで1ずつ増やす)
    a[i] ← 0
  endfor
```

解答群　ア　count　　　イ　count − 1
　　　　ウ　count + 1

解答➡ P.143　標準学習時間 10min

要素数nの1次元配列a（添字は1から始まる）について，先頭から奇数番目の要素はそれより手前の全ての要素以下，先頭から偶数番目の要素はそれより手前の全ての要素以上になるように配列要素を並べ替える。

例　n=10の場合

	1	2	3	4	5	6	7	8	9	10
実行前	4	5	3	6	7	1	0	7	6	6
実行後	5	6	4	6	3	6	1	7	0	7

(1)　整列前の配列aの要素を別の配列bに複写し，配列bを昇順に整列する。

(2)　奇数番目の要素数をh=n−⌊n÷2⌋で求める。ここで，⌊x⌋はxを超えない最大の整数である。なお，配列aの要素数が偶数のときには，偶数番目の要素数もhとなる。

(3)　配列bのh番目，h−1番目，h−2番目，…，1番目の要素を，配列aの1番目，3番目，5番目，…，2h−1番目に格納する。

(4)　配列bのh+1番目，h+2番目，h+3番目，…，n番目の要素を，配列aの2番目，4番目，6番目，…，2(n−h)番目に格納する。

```
○ arrangearray(整数型の配列：a, 整数型：n)
  整数型の配列：b
  整数型：i , j , h
  for (i を1からnまで1ずつ増やす)
    b[i] ← a[i]
  endfor

  配列bを昇順に整列
  h ← n − (n ÷ 2)
  [   (1)   ]
  for (i を1からnまで2ずつ増やす)
    a[i] ← b[j]
    [   (2)   ]
  endfor
  [   (3)   ]
  for (i を2からnまで2ずつ増やす)
    a[i] ← b[j]
    [   (4)   ]
  endfor
```

解答群　ア　j ← h　　イ　j ← h − 1　　ウ　j ← h + 1
　　　　エ　j ← j − 1　　オ　j ← j + 1

2 配列

練習32

要素数nの1次元配列a（添字は0から始まる）と，ある数xを受け取り，和がxと等しくなる二つの要素がaの中に存在するか否かを調べる。

(1)　配列aを昇順に整列する。

(2)　lを0，rをn−1とする。

(3)　a[l]+a[r]を求め，その結果が

①　xと等しい場合，二つの要素が存在したので終了する。

②　xより大きい場合，rを1減らす。

③　xより小さい場合，lを1増やす。

(4)　l<rならば(3)に戻る。そうでなければ，二つの要素は存在しないので終了する。

```
○ paircheck(整数型の配列：a, 整数型：x)
  配列aを昇順に整列
  l ← 0
  r ← n − 1
  while ((lがrより小さい) and ( [  (1)  ] ))
    if ((a[l] + a[r])がxより大きい)
      r ← r − 1
    else
      l ← l + 1
    endif
  endwhile
  if ( [  (2)  ] )
    "あり" と表示
  else
    "なし" と表示
  endif
```

解答群
- ア　(a[l] + a[r])がxと等しくない
- イ　(a[l] + a[r])がxより小さい
- ウ　lがrと等しい
- エ　lがrより大きい
- オ　lがrより小さい

練習 33

解答 ➡ P.144　標準学習時間 5min

整数が格納された二つの配列a, bに共通に格納されている要素を配列cに抽出し, その個数を変数ncに求める。

(1)　配列a, bの要素数は, それぞれna, nbである。

(2)　配列a, bとも, 要素は小さい順に格納されており, 同じ配列内の要素の値は全て異なる。

(3)　配列の添字は1から始まる。

```
○ common(整数型の配列：a, 整数型：na, 整数型の配列：b, 整数型：nb,
          整数型の配列：c, 整数型：nc)
  整数型：i , j
  i ← 1
  j ← 1
  nc ← 0
  while ((i がna以下) [  (1)  ] ( j がnb以下))
    if (a[i]がb[j]より大きい)
      [  (2)  ]
    elseif (a[i]がb[j]より小さい)
      [  (3)  ]
    else
      nc ← nc + 1
      c[nc] ← a[i]
      j ← j + 1
      i ← i + 1
    endif
  endwhile
```

解答群

ア	and	イ	or
ウ	i ← i − 1	エ	i ← i + 1
オ	j ← j − 1	カ	j ← j + 1

n行m列の二元配列aの行と列を入れ替えたものを，m行n列の二元配列bに求める。

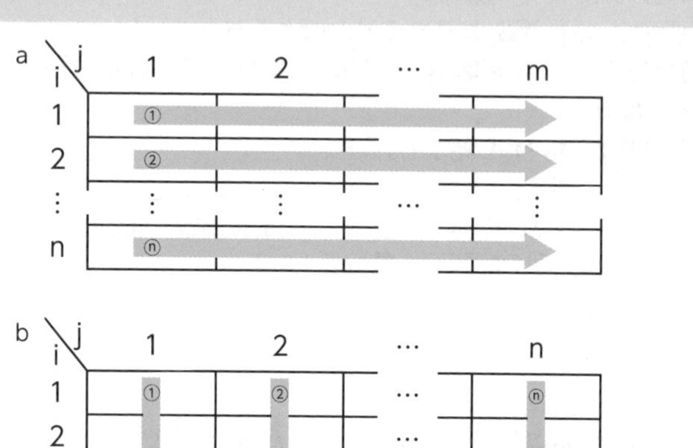

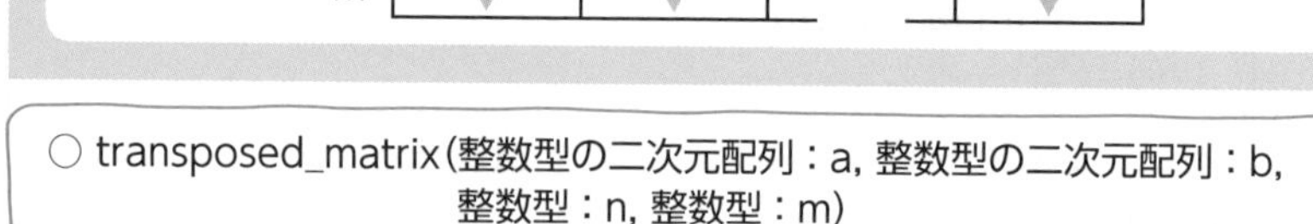


```
○ transposed_matrix(整数型の二次元配列：a, 整数型の二次元配列：b,
                      整数型：n, 整数型：m)
  整数型：i , j
  for（ i を1からnまで1ずつ増やす)
    for（ j を1からmまで1ずつ増やす)
      [   (1)   ]
    endfor
  endfor
```

解答群

ア	a[i, j] ← b[i, j]	イ	a[j, i] ← b[i, j]
ウ	a[i, j] ← b[j, i]	エ	b[i, j] ← a[i, j]
オ	b[j, i] ← a[i, j]	カ	b[i, j] ← a[j, i]

n行n列の二次元配列aに，以下のように値を設定する。

i＼j	1	2	…	n
1	1	0	…	0
2	0	1	…	0
⋮	⋮	⋮	…	⋮
n	0	0	…	1

$$a[i, j] = \begin{cases} 1 \ (i = j\text{の場合}) \\ 0 \ (i \neq j\text{の場合}) \end{cases}$$

```
○ identity_matrix(整数型の二次元配列：a, 整数型：n)
  整数型：i , j
  for ( i を1からnまで1ずつ増やす)
    for ( j を1からnまで1ずつ増やす)
      a[i , j] ← ( i ÷ j ) × ( [  (1)  ] ) /* 小数部は切り捨て */
    endfor
  endfor
```

解答群　ア　j＋i　　イ　j－i　　ウ　j×i　　エ　j÷i

配列

次の式によって定義される関数$f(n,k)$の値を，二次元配列x（添字は0から始まる）のn行k列に格納する。

$$f(n,k)=\begin{cases} 1 & (k=0\text{又は}k=n\text{の場合}) \\ f(n-1,k-1)+f(n-1,k) & (0<k<n\text{の場合}) \\ 0 & (k>n\text{の場合}) \end{cases}$$

実行例　n=10の場合

n＼k	0	1	2	3	4	5	6	7	8	9	10
0	1	0	0	0	0	0	0	0	0	0	0
1	1	1	0	0	0	0	0	0	0	0	0
2	1	2	1	0	0	0	0	0	0	0	0
3	1	3	3	1	0	0	0	0	0	0	0
4	1	4	6	4	1	0	0	0	0	0	0
5	1	5	10	10	5	1	0	0	0	0	0
6	1	6	15	20	15	6	1	0	0	0	0
7	1	7	21	35	35	21	7	1	0	0	0
8	1	8	28	56	70	56	28	8	1	0	0
9	1	9	36	84	126	126	84	36	9	1	0
10	1	10	45	120	210	252	210	120	45	10	1

```
○ pascals_triangle(整数型の二次元配列：x, 整数型：n)
  整数型：i , k
  for（iを0からnまで1ずつ増やす）
    for（kを0からnまで1ずつ増やす）
      if（    (1)    ）
        x[i , k] ← 0
      elseif（(kが0と等しい) or (kがiと等しい)）
        x[i , k] ← 1
      else
        x[i , k] ←    (2)    
      endif
    endfor
  endfor
```

解答群
- ア　kがiと等しくない
- イ　kがnより大きい
- ウ　kがiより大きい
- エ　x[i − 1, k − 1] + x[i − 1, k + 1]
- オ　x[i , k − 1] + x[i − 1, k]
- カ　x[i − 1, k − 1] + x[i − 1, k]

解答➡ P.146　標準学習時間 10min

二次元配列aの左上のm行×n列の部分に格納されている値について，行ごとの合計をn+1列目に，列ごとの合計をm+1行目に，全体の合計をm+1行n+1列に，それぞれ求める。

例　m=4, n=5の場合

i＼j	1	2	3	4	5	6
1	1	2	4	1	0	8
2	2	3	0	5	0	10
3	4	1	2	3	3	13
4	0	4	1	1	6	12
5	7	10	7	10	9	43

行ごとの合計（6列目の1〜4行）　列ごとの合計（5行目の1〜5列）　全体の合計（5行6列）

```
○ total(整数型の二次元配列：a, 整数型：m, 整数型：n)
  整数型：i, j
  for ( j を1からn + 1まで1ずつ増やす)
    a[m + 1, j] ← 0                          /* m+1行目を0で初期化 */
  endfor
  for ( i を1からmまで1ずつ増やす)
    [   (1)   ]
    for ( j を1からnまで1ずつ増やす)
      a[i, n + 1] ← a[i, n + 1] + a[i, j]    /* 行ごとの合計 */
      a[m + 1, j] ← a[m + 1, j] + a[i, j]    /* 列ごとの合計 */
    endfor
    a[m + 1, n + 1] ← a[m + 1, n + 1] + [   (2)   ]
  endfor
```

解答群

ア	a[i, m] ← 0	イ	a[i, m + 1] ← 0
ウ	a[i, n] ← 0	エ	a[i, n + 1] ← 0
オ	a[i, m]	カ	a[i, m + 1]
キ	a[i, n]	ク	a[i, n + 1]

2　配列

1からn^2(nは奇数)までの整数を，縦，横及び斜めの合計が等しくなるように，二次元配列aに格納する。

例　n=3の場合

4	9	2
3	5	7
8	1	6

(1)　最下段の中央に1を格納し，ここを開始点とする。
(2)　開始点から順次右下に移動し，2, 3, …を格納していく。
　①　下にはみ出した場合には，その列の一番上に移動して値を格納し，そこから右下に続ける。
　②　右にはみ出した場合には，その行の左端に移動して値を格納し，そこから右下に続ける。
(3)　右下隅から，又は既に値が格納されている場所に移動した場合には，最後に値を格納した位置の上に移動して値を格納後，そこから右下に続ける。

なお，二次元配列aの行数・列数はnよりも十分大きく，値はあらかじめ0で初期化されており，行番号，列番号はいずれも1から始まるものとする。

```
○ magic_square(整数型の二次元配列：a, 整数型：n)
  整数型：i                              /* 行番号 */
  整数型：j                              /* 列番号 */
  整数型：k                              /* 格納する値 */
  i ← n
  j ← n ÷ 2 + 1
  a[i, j] ← 1                           /* 最下段の中央に1を格納 */
  k ← 2
  while (kがn × n以下)
    i ← i + 1
    j ← j + 1
    if ((( i がnより大きい) and ( j がnより大きい))
          or (a[i, j]が0と等しくない))
      i ← [    (1)    ]
      j ← [    (2)    ]
    else
      if ( i がnより大きい)
        [    (3)    ]
      endif
      if ( j がnより大きい)
        [    (4)    ]
      endif
    endif
    a[i, j] ← k
    k ← k + 1
  endwhile
```

解答群　ア　i − 1　　イ　i − 2
　　　　ウ　i ← 1　　エ　j − 1
　　　　オ　j − 2　　カ　j ← 1

n×nの整数型二次元配列に格納された値を，左方向に90°回転させる。

例　n=5の場合

実行前

	1	2	3	4	5
1	1	2	3	4	5
2	6	7	8	9	10
3	11	12	13	14	15
4	16	17	18	19	20
5	21	22	23	24	25

実行後

	1	2	3	4	5
1	5	10	15	20	25
2	4	9	14	19	24
3	3	8	13	18	23
4	2	7	12	17	22
5	1	6	11	16	21

(1)　二次元配列の内容の行と列を入れ替える（1行目→1列目，2行目→2列目，…，n行目→n列目）。

	1	2	3	4	5
1	1	2	3	4	5
2	6	7	8	9	10
3	11	12	13	14	15
4	16	17	18	19	20
5	21	22	23	24	25

➡

	1	2	3	4	5
1	1	6	11	16	21
2	2	7	12	17	22
3	3	8	13	18	23
4	4	9	14	19	24
5	5	10	15	20	25

(2)　入替え後の二次元配列配列の行を逆順にする。つまり，1行目とn行目，2行目とn−1行目，3行目とn−2行目，…，n／2行目とn／2+1行目を入れ替える。

	1	2	3	4	5
1	1	6	11	16	21
2	2	7	12	17	22
3	3	8	13	18	23
4	4	9	14	19	24
5	5	10	15	20	25

➡

	1	2	3	4	5
1	5	10	15	20	25
2	4	9	14	19	24
3	3	8	13	18	23
4	2	7	12	17	22
5	1	6	11	16	21

```
○ counterclock(整数型の二次元配列：a, 整数型：n)
  整数型：i , j , w, k
  for (iを1からnまで1ずつ増やす)
    for (jをi + 1からnまで1ずつ増やす)
      w ← a[i , j]
      a[i , j] ← a[j , i]
      a[j , i] ← w
    endfor
  endfor
  for (iを[ (1) ] 1ずつ増やす)
    k ← [ (2) ]
    for (jを1からnまで1ずつ増やす)
      w ← a[i , j]
      a[i , j] ← a[k, j]
      a[k, j] ← w
    endfor
  endfor
```

解答群 ア 1からn ÷ 2まで　イ 1からnまで
ウ n − i　エ n − i − 1
オ n − i + 1

3 探索（サーチ）

探索（サーチ）は、多数のデータの中から条件を満たすデータを探し出す処理です。

単純な配列を利用した線形探索や二分探索、リストや木（ツリー）といったデータ構造を活用した探索など、さまざまなものがあります。

線形探索法（リニアサーチ）

線形探索は、配列要素の先頭又は末尾から順番に目的のデータを探索する方法で、比較順序とアルゴリズムは、次のようになります。

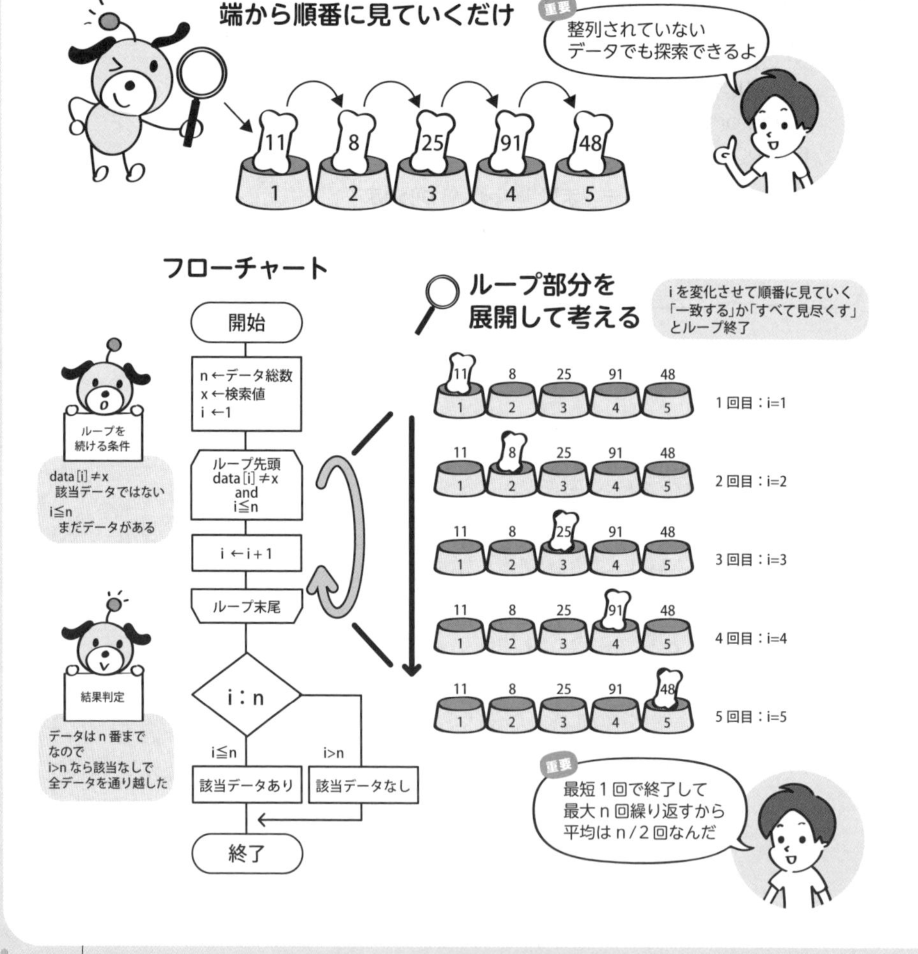

疑似言語で書くと

前ページの処理を疑似言語で書くとこうなります。

```
n ← データ総数
x ← 検索値
i ← 1

while ((data[i]がxと等しくない) and (iがn以下))
  i←i+1
endwhile

if (iがn以下)
  該当データあり
else
  該当データなし
endif
```

線形探索のポイント

- 配列の添字を、1からnまで増やしながら、配列の内容と探索したい値を比較していきます。
- 目的のデータが見つかった場合、data[i]=xとなって「data[i]がxと等しくない」が不成立となるため、そこでループを終了します。
- 配列にはdata[n]までしかデータがないので、添字iがn+1まで変化した場合は「該当データなし」と判定できます。
- 繰返しを続ける条件は、「現在比較しているデータは該当しない」と「添字はまだn以下」の両方が成立した場合なので、「(data[i]がxと等しくない) and (iがn以下)」となります。

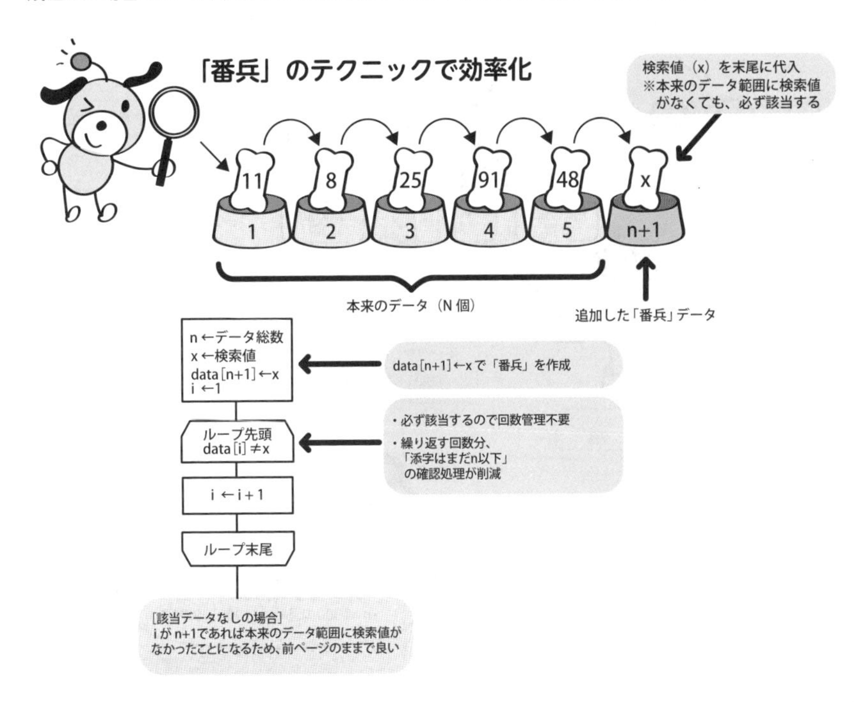

二分探索のポイント

- 前提として、対象データは大小順に整列している必要があります。
- 配列の中央のデータと探索したいデータを比較し、探索したいデータが含まれないほうの半分を捨てます。
- 残った半分の範囲の、中央のデータと探索したいデータを比較し、探索したいデータが含まれない半分を捨てます。
- 同様に半分ずつ捨てる形で絞り込んでいきます。
- この過程で探索データと一致するものがあれば、「該当データあり」で探索完了です。
- 捨てずに残っている添字範囲の下限・中央・上限という3つの位置を管理する変数が必要です。
- 一度比較するごとに、これら3つの変数の内容を更新していきます。
- 終了時に「範囲の下限≦範囲の上限」なら、まだ未照合データがある状態で終わっているので、「該当データあり」となります。

探索範囲の2分割を繰り返し、探索範囲を絞り込んでいく。

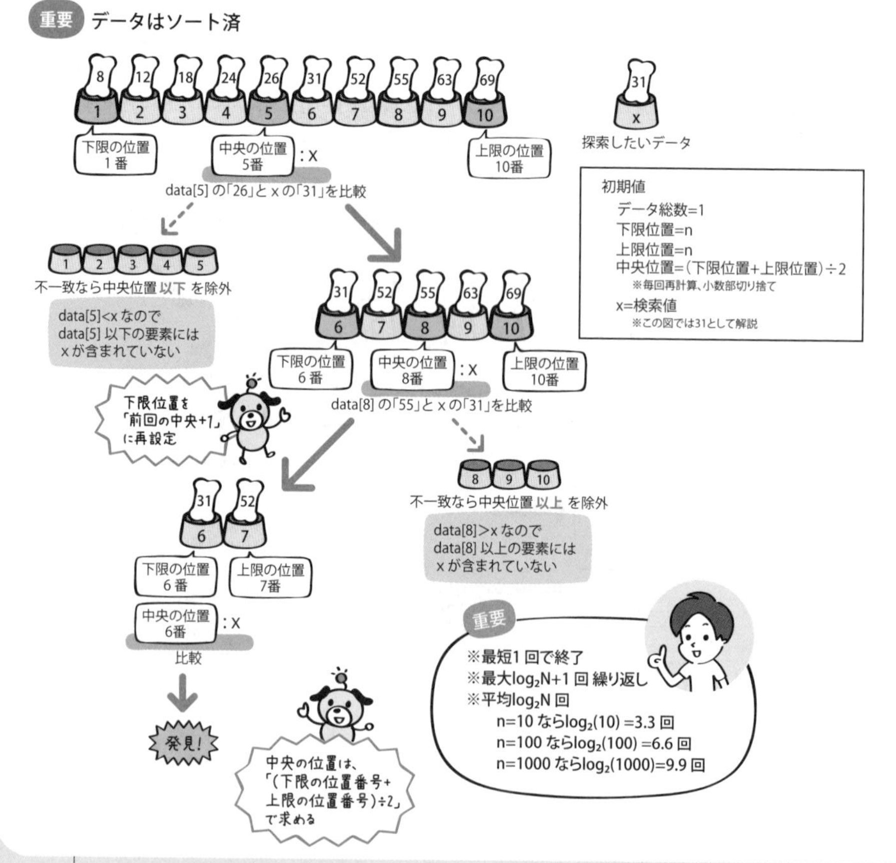

フローチャート

探索範囲の「下限」「上限」「中央」 3つの位置管理がポイント

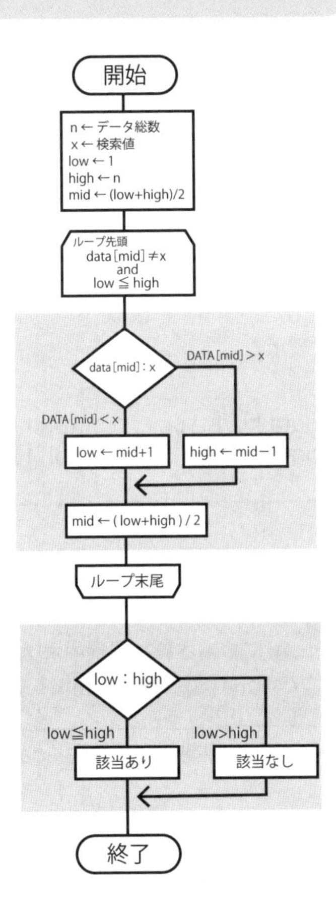

ループを続ける条件

data [mid] ≠x　該当データではない
low≦high　まだ未確認のデータがある

位置管理の変数更新

- mid が新しい low または high になる
- 現在の mid 位置は含めないので
  low を更新の場合は mid+1
  high を更新の場合は mid−1
- 新しい mid は計算で求める
  小数部は切り捨てられる

結果判定

low ≦ high なら、まだ未確認のデータがある。
その状態でループを抜けたのなら、一致するデータを発見したと考えられる。
該当データの位置はdata [mid]

疑似言語

```
n ← データ総数
x ← 検索値
low ← 1
high ← n
mid ← (low+high)÷2

while ((data [mid] が x と等しくない)
        and (lowがhigh以下))
   if (data [mid] が x より小さい)
      low ← mid+1
   else
      high ← mid−1
   endif
   mid ← (low+high) ÷ 2
endwhile

if (lowがhigh以下)
   該当データあり
else
   該当データなし
endif
```

重要

中央の位置を管理するmidは整数型で宣言しておくと、(low+high)÷2 の結果を収めるときに小数部は切り捨てられる

配列tbl[i] (i =1, 2, …, n)に格納された要素中より，探索データdataと等しい要素を順次探索する。

```
○ search(整数型：tbl[ ], 整数型：n, 整数型：data)
  整数型：i
  i ← 1                                /* 探索開始位置の設定 */
  while ((i がn以下) and (    (1)    ))
    i ← i + 1                          /* 探索位置の更新 */
  endwhile
  if (i がn以下)
    "一致データあり" を表示
  else
    "一致データなし" を表示
  endif
```

解答群
- ア　tbl[i]がdataより小さい
- イ　tbl[i]がdataより大きい
- ウ　tbl[i]がdataと等しい
- エ　tbl[i]がdataと等しくない

配列tbl[i] (i =1, 2, …, n)に格納された要素中より，探索データdataと等しい要素を順次探索する。ここで，tblはn個を超える領域をもつ配列とする。

```
○ search(整数型の配列：tbl, 整数型：n, 整数型：data)
  整数型：i
  tbl[n + 1] ← data
  i ← 1                                /* 探索開始位置の設定 */
  while (tbl[ i ]がdataと等しくない)
    i ← i + 1                          /* 探索位置の更新 */
  endwhile
  if (    (1)    )
    "一致データあり" を表示
  else
    "一致データなし" を表示
  endif
```

解答群
- ア　i が n より小さい
- イ　i が n 以下
- ウ　i が n より大きい
- エ　i が n 以上

配列tbl[i] (i =1, 2, …, n) に格納された要素(全て異なる値)中より，探索データdataと等しい要素を順次探索する。一致する要素を発見した場合，その要素より前の要素を順次一つ後ろに移動させ，発見した要素を先頭に格納する。

例　data=4のとき

実行前

	1	2	3	4	5	6	7	…
tbl	3	8	2	1	4	6	5	

実行後

	1	2	3	4	5	6	7	…
tbl	4	3	8	2	1	6	5	

```
○ search(整数型の配列：tbl, 整数型：n, 整数型：data)
  整数型：i , j
  i ← 1                                /* 探索開始位置の設定 */
  while ((i がn以下) and (tbl[ i ]がdataと等しくない))
    i ← i + 1                          /* 探索位置の更新 */
  endwhile
  if (i がn以下)
    for ( j を [ (1) ] )
      tbl[ j ] ← tbl[ j − 1]
    endfor
    tbl[1] ← data
  endif
```

解答群　ア　i − 1から2まで1ずつ減らす
　　　　イ　i から1まで1ずつ減らす
　　　　ウ　i から2まで1ずつ減らす
　　　　エ　i + 1から1まで1ずつ減らす

3
探索(サーチ)

昇順に整列された配列tbl[i] (i =1, 2, …, n)の要素(全て異なる値)中より，探索データdataと等しい要素を次の方法により探索し，一致する要素を発見した場合にはその要素番号を，発見できなかった場合には−1を返す。

(1)　配列tblの要素番号1+α×m (α=0, 1, 2, …)の要素とdataとを順次比較する。ここでは，$m=\lfloor \sqrt{n} \rfloor$ ($\lfloor x \rfloor$はxを超えない最大の整数)とする。

(2)　dataより大きい値が出現したら，その一つ手前の位置から，(1)で最後に比較した位置の直後の位置まで，要素番号の若い方に向かって，一つずつ比較していく。

(3)　(1)において，1+α×m>nとなった場合には，(1)で最後に比較した位置の直後の位置から末尾まで，一つずつ比較していく。

なお，プログラムでは，引数の正の平方根を返す関数sqrt(引数)が使えるものとする。

```
○ 整数型：jump_search(整数型の配列：tbl, 整数型：n, 整数型：data)
  整数型：i , j , m, a
  m ← sqrt(n)
  i ← 1
  while ( i が(n − m + 1)以下)
    if (tbl[ i ]がdataと等しい)
      return i
    elseif (tbl[ i ]がdataより大きい)
      for ( j を [    (1)    ] )
        if (tbl[ j ]がdataと等しい)
          return j
        endif
      endfor
      return -1
    endif
    i ← i + m
  endwhile

  for ( j を [    (2)    ] )
    if (tbl[ j ]がdataと等しい)
      return j
    endif
  endfor
  return -1
```

解答群
- ア　i − 1からi − m + 1まで1ずつ増やす
- イ　i − 1からi − m + 1まで1ずつ減らす
- ウ　i − m + 1からnまで1ずつ増やす
- エ　nからiまで1ずつ減らす

配列tbl[i] (i =1, 2, …, n)にランダムな順序で格納された, lv<tbl[i]<hvの範囲の値の中の最小値と最大値を求める。

```
大域：整数型：lv ← 1000
大域：整数型：hv ← 100000

○ min_and_max(整数型の配列：tbl, 整数型：n)
  整数型：i , min, max                /* min：最小値, max：最大値 */
  min ← [  (1)  ]
  max ← [  (2)  ]
  i ← 1
  while ( i がn以下)
    if ( [  (3)  ] )
      min ← tbl[ i ]
    endif
    if ( [  (4)  ] )
      max ← tbl[ i ]
    endif
    i ← i + 1
  endwhile
  minとmaxの出力
```

解答群

ア	lv	イ	hv
ウ	tbl[i]がminより小さい	エ	tbl[i]がminと等しい
オ	tbl[i]がminより大きい	カ	tbl[i]がmaxより小さい
キ	tbl[i]がmaxと等しい	ク	tbl[i]がmaxより大きい

解答 ➡ P.151

要素が昇順に格納されている配列tbl[i] (i =1, 2, …, n)の中より，探索データdataと等しい要素を二分探索する。

```
○ bsearch(整数型の配列：tbl, 整数型：n, 整数型：data)
  整数型：low, high, mid
  low ← 1                      /* 探索範囲の下限の設定 */
  high ← n                     /* 探索範囲の上限の設定 */
  mid ← (low + high) ÷ 2       /* 探索範囲の中央の計算(端数は切り捨て) */
  while ((lowがhigh以下) and (tbl[mid]がdataと等しくない))
    if (tbl[mid]がdataより小さい)
      low ← [    (1)    ]      /* 探索範囲の下限の更新 */
    else
      high ← [    (2)    ]     /* 探索範囲の上限の更新 */
    endif
    mid ← (low + high) ÷ 2
  endwhile
  if (lowがhigh以下)
    "一致データあり" を表示
  else
    "一致データなし" を表示
  endif
```

解答群　ア　mid　　イ　mid − 1　　ウ　mid + 1

練習46

要素が昇順に格納されている配列tbl[i](i=1, 2, …, n)の中より，探索データdataと等しい要素を二分探索する。
探索範囲の下限と上限の初期値には，実際の探索範囲の一つ外側を指定する。

```
○ bsearch(整数型の配列：tbl, 整数型：n, 整数型：data)
  整数型：low, high, mid
  low ← 0                              /* 探索範囲の下限の設定 */
  high ← n + 1                         /* 探索範囲の上限の設定 */
  mid ← (low + high) ÷ 2               /* 探索範囲の中央の計算 */
  while ((    (1)    が1より大きい) and (tbl[mid]がdataと等しくない))
    if (tbl[mid]がdataより小さい)
      low ←    (2)                     /* 探索範囲の下限の更新 */
    else
      high ←    (3)                    /* 探索範囲の上限の更新 */
    endif
    mid ← (low + high) ÷ 2
  endwhile
  if (tbl[mid]がdataと等しい)
    "一致データあり" を表示
  else
    "一致データなし" を表示
  endif
```

解答群(重複して選んでもよい)

ア	mid	イ	mid − 1	ウ	mid + 1
エ	low − high	オ	low + high	カ	high − low
キ	high + low				

4 リスト

リストというのは、アルゴリズム自体の話ではなく、配列などと同様に「データ構造」の話です。

リストは単純な配列と異なり、各要素ごとに、「データ」と「次のデータは××」という「ポインタ情報」がセットで格納されています。

ポインタ情報を書き換えることにより、データの処理順を自由に変更できます。

配列とリスト

配列は番号順に処理しますが、リストは「次のデータは××」というポインタの指示に従って順次処理していきます。

単純な配列の場合

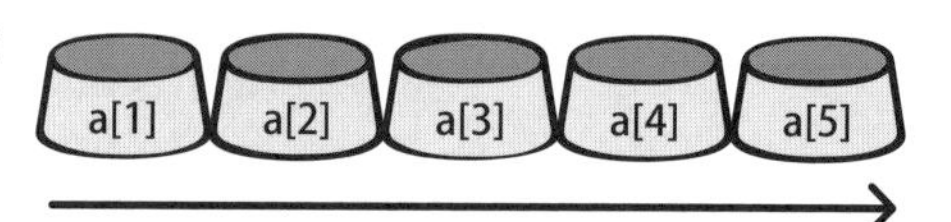

番号で要素を指定するので単純な番号順処理が基本

リストの場合

クラスListTemplate…この名称は決まりではなく任意です

メンバ変数	型	説明
data	文字型	リストに格納する文字
pointer	ListTemplate型	次のデータへのポインタ

クラスとは、いくつかの要素をセットにしたテンプレートで、それをもとに実際に利用できる器を作成します。

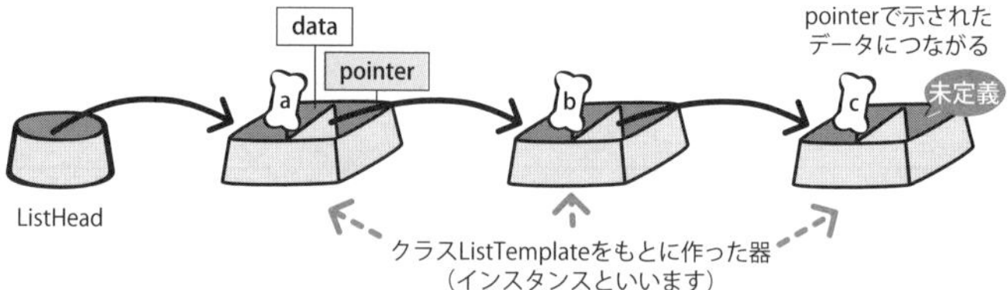

クラスListTemplateを使って作成したデータに、それぞれ「a」や「b」、「c」のデータをもたせるとともに、次のデータへのポインタをもたせてデータを繋いだ仕組みをリストといいます。

この例の場合、リストの最後のデータのポインタには「未定義」がセットされ、続きがないことを示しています。

なお、ここで説明に利用しているクラス名や要素名（ListTemplate、data、pointer）はプログラムの作成者が任意に決めることができます。

リストの開始位置は、

○大域: ListTemplate: ListHead　/* リストの先頭を指すポインタ */

というように指定されます。リストに何もデータが登録されていない場合は、ListHeadに「未定義」がセットされます。

先に記載した図の例において、「a」と「b」をもつデータの間に「d」を新規追加したい場合、「a」をもつデータのポインタを「d」をもつデータに変更します。これで、「a」→「b」ではなく、「a」→「d」になります。さらに、新規追加する「d」をもつデータのポインタを「b」に設定すれば、「a」→「d」→「b」のようにデータを追加できます。

リスト処理の繰返し構造

リストを先頭から末尾に向かって処理していく、というアルゴリズムを疑似言語で書くと、次のようになります。この例では、変数ListHeadにリストの先頭データが入っています。

```
prev ← ListHead
while (prev.pointerが未定義ではない)
    prev ← prev.pointer
endwhile
```

変数prevに、「現在処理しているデータ」が入っていることになります。このprevが、ポインタで指示された順に変化していきます。そのための処理が「prev←prev.pointer」で、ポインタで示される次のデータをprevに取り出します。

リスト末尾のポインタが未定義となっているので、繰返し条件は「prev.pointerが未定義ではない」です。

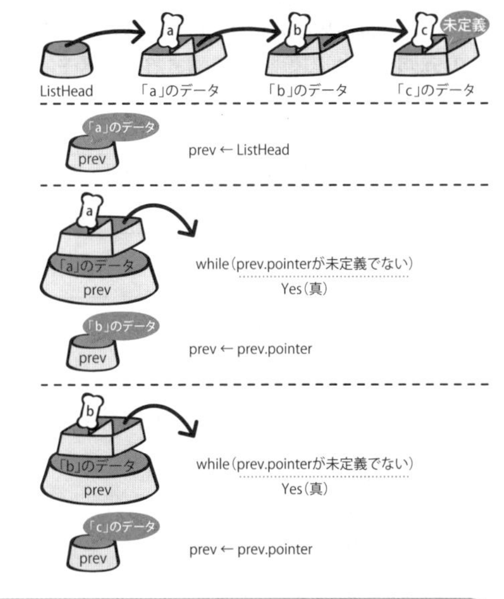

中断のある繰返し構造

リストを先頭から末尾まで処理する繰返し構造に、「××なら繰返しを中断」という機能を付けた例です。指定したデータが見つかったらそこで繰り返しを終わって次に進む、という処理です。

```
prev ← ListHead
while((prev.pointerが未定義でない)and(prev.dataがcharと等しくない))
    ～処理～
    prev ← prev.pointer
endwhile
```

ポイントは繰返しの条件で、末尾まで繰り返すための「prev.pointerが未設定でない」とあわせて、「中断するための条件」をandで組み合わせます。

ただし、繰返しは「条件が成立している間繰り返す」なので、たとえば「prev.dataが変数charと一致したら中断」なら

(prev.dataがcharと等しくない)

というように、「一致しなければ繰り返す」という形にする必要があります。

練習47

単方向リストから，引数として与えられた変数mojiと等しい文字を探索する。探索文字が見つかった場合には“一致データあり”を，見つからなかった場合には“一致データなし”をそれぞれ表示する。

単方向リストの各要素は，クラスListTemplateを用いて表現する。クラスListTemplateの説明を表に示す。ListTemplate型の変数は，クラスListTemplateを基に作成した要素（インスタンス）の参照（ポインタ）を格納するものとする。ある要素の次の要素が存在しない場合，ポインタには“未定義”が入る。

ここでは，既にリストに複数の要素が設定済みであり，変数ListHeadにはリストの先頭要素への参照が格納されているものとする。

メンバ変数	型	説明
data	文字型	リストの要素が保持する文字。
pointer	ListTemplate	リストの次の文字を保持する要素の参照が入る。

```
○ listsearch(文字型：moji)
  ListTemplate ：cr
  cr ← ListHead
  while ((crが未定義でない) and (cr.dataがmojiと等しくない))
     [    (1)    ]
  endwhile
  if (cr.dataがmojiと等しい)
     "一致データあり" を表示
  else
     "一致データなし" を表示
  endif
```

解答群
ア cr ← 未定義　　　イ cr ← cr.moji
ウ cr ← cr.pointer　エ cr ← ListHead

練習48

単方向リストから引数として与えられた変数mojiと等しい文字を削除する。対象の文字が見つからなかった場合には“エラー”を表示する。

単方向リストの各要素は，クラスListTemplateを用いて表現する。クラスListTemplateの説明を表に示す。ListTemplate型の変数は，クラスListTemplateを基に作成した要素（インスタンス）の参照（ポインタ）を格納するものとする。ある要素の次の要素が存在しない場合，ポインタには“未定義”が入る。

ここでは，既にリストに複数の要素が設定済みであり，変数ListHeadにはリストの先頭要素への参照が格納されているものとする。

メンバ変数	型	説明
data	文字型	リストの要素が保持する文字。
pointer	ListTemplate	リストの次の文字を保持する要素の参照が入る。

```
○ listdelete(文字型：moji)
  ListTemplate：prev, cr
  cr ← ListHead
  while ((crが未定義でない) and (cr.dataがmojiと等しくない))
    prev ← cr                    /* 直前のデータ位置を退避 */
    cr ← cr.pointer              /* 比較位置の更新 */
  endwhile
  if (cr.dataがmojiと等しい)      /* 一致データあり? */
    if (crがListHeadと等しくない)
      [    (1)    ] ← [    (2)    ]
    else
      ListHead ← cr.pointer
    endif
  else
    "エラー" を表示
  endif
```

解答群
ア cr　　イ prev
ウ ListHead　　エ cr.pointer
オ prev.pointer

4 リスト

単方向リストに引数として与えられた変数mojiに格納された英小文字を追加する。ただし，追加する文字が既にリストに存在していた場合は，エラーを表示する。

単方向リストの各要素は，クラスListTemplateを用いて表現する。クラスListTemplateの説明を表に示す。ListTemplate型の変数は，クラスListTemplateを基に作成した要素（インスタンス）の参照（ポインタ）を格納するものとする。ある要素の次の要素が存在しない場合，ポインタには“未定義”が入る。

ここでは，既にリストに複数の要素が設定済みであり，変数ListHeadにはリストの先頭要素への参照が格納されているものとする。

リスト内のデータは英小文字のみであり，アルファベット順につながれている。文字の比較においては“a”<“b”<…<“y”<“z”が成り立つものとする。

メンバ変数	型	説明
data	文字型	リストの要素が保持する文字。
pointer	ListTemplate	リストの次の文字を保持する要素の参照が入る。

コンストラクタ	説明
ListTemplate( )	クラスListTemplateのインスタンスを生成し，その参照を返す。

```
○ listadd(文字型：moji)
  ListTemplate：prev, cr, tmp
  cr ← ListHead
  prev ← 未定義の値
  while ((crが未定義でない) and (cr.dataがmojiより小さい))
    prev ← cr                      /* 直前のデータ位置を退避 */
    cr ← cr.pointer                /* 比較位置の更新 */
  endwhile

  if ((crが未定義) or (cr.dataがmojiと等しくない))
                                   /* 一致データなし */
    tmp ← ListTemplate( )          /* インスタンスの生成 */
    tmp.data ← moji                /* メンバ変数への */
    tmp.pointer ← cr               /* データとポインタの設定 */
    if (prevが未定義)              /* 追加位置はリストの先頭か? */
      [    (1)    ]
    else
      [    (2)    ]
    endif
  else
    "エラー" を表示                /* 一致データあり */
  endif
```

解答群				
	ア	cr.pointer ← cr	イ	cr.pointer ← prev
	ウ	ListHead ← cr	エ	ListHead ← tmp
	オ	prev.pointer ← cr	カ	prev.pointer ← tmp

4

リスト

単方向リストのつながりを逆順にする。

単方向リストの各要素は，クラスListTemplateを用いて表現する。クラスListTemplateの説明を表に示す。ListTemplate型の変数は，クラスListTemplateを基に作成した要素(インスタンス)の参照(ポインタ)を格納するものとする。ある要素の次の要素が存在しない場合，ポインタには“未定義”が入る。

ここでは，既にリストに複数の要素が設定済みであり，変数ListHeadにはリストの先頭要素への参照が格納されているものとする。

メンバ変数	型	説明
data	文字型	リストの要素が保持する文字。
pointer	ListTemplate	リストの次の文字を保持する要素の参照が入る。

(1)　ListTemplate型の三つの変数a，b，cを用意し，その初期値をそれぞれ未定義，未定義，ListHeadとする。

(2)　先頭から順にリストをたどり，cが未定義になるまで，次の処理を実行する。
- bをcが示す要素の次の要素に変える。
- cが示す要素の次の要素をaに変える。
- aをcに変える。
- cをbに変える。

(3)　ListHeadをaに変える。

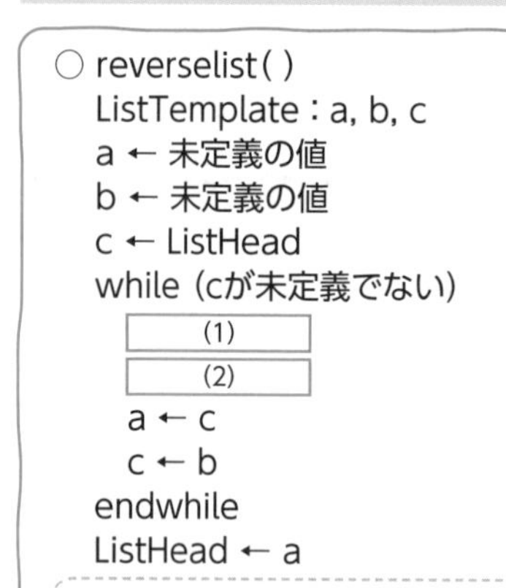

```
○ reverselist( )
  ListTemplate：a, b, c
  a ← 未定義の値
  b ← 未定義の値
  c ← ListHead
  while (cが未定義でない)
    [   (1)   ]
    [   (2)   ]
    a ← c
    c ← b
  endwhile
  ListHead ← a
```

解答群
- ア　b ← c.pointer
- イ　b.pointer ← a
- ウ　c ← b.pointer
- エ　c.pointer ← a

5 木(ツリー)構造

木構造というのは、アルゴリズム自体の話ではなく、配列やリストなどと同様に、「データ構造」の話です。

木構造のデータは、ひとつの親に対して複数の子要素が下につき、枝別れしていく構造になります。その際に、ひとつの親に対して子が2つ以下の木構造を2分木(にぶんぎ)と呼び、木構造の基本になります。

木構造の用語

木構造のデータを理解するためには、まず図のような用語(名称)を覚えてください。図の数字が書いてある部分(ノード)が実際のデータに相当します。なお、ツリーの下端にある子をもたないノードを、リーフ(葉)と呼びます。

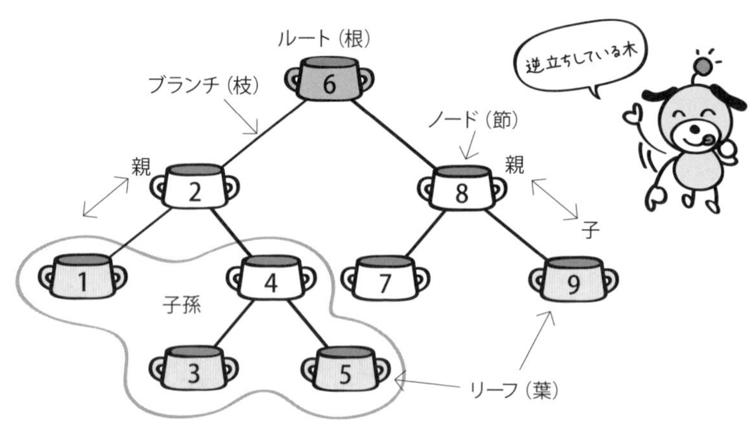

木構造のうち、次のようなルールでデータを配置したものを、「2分探索木」と呼びます。上図の例は2分探索木です。

親と比較して、小さい要素を左、大きい要素を右の子として連結

親と比較して、左側の子孫はすべて小さい、右側の子孫はすべて大きい

2分木のほか、子が3つ以上ある多分木や、並べ替えに使われるヒープなど、いろいろな種類の木構造があります。

木構造と配列

実際のプログラムで木構造（2分木）のデータを処理する場合、ひとつの要素に

そのノードのデータ

左の子を示すポインタ

右の子を示すポインタ

という3つの情報を格納する形にします。3つの要素をセットにしたクラスで定義すると次のようになります。

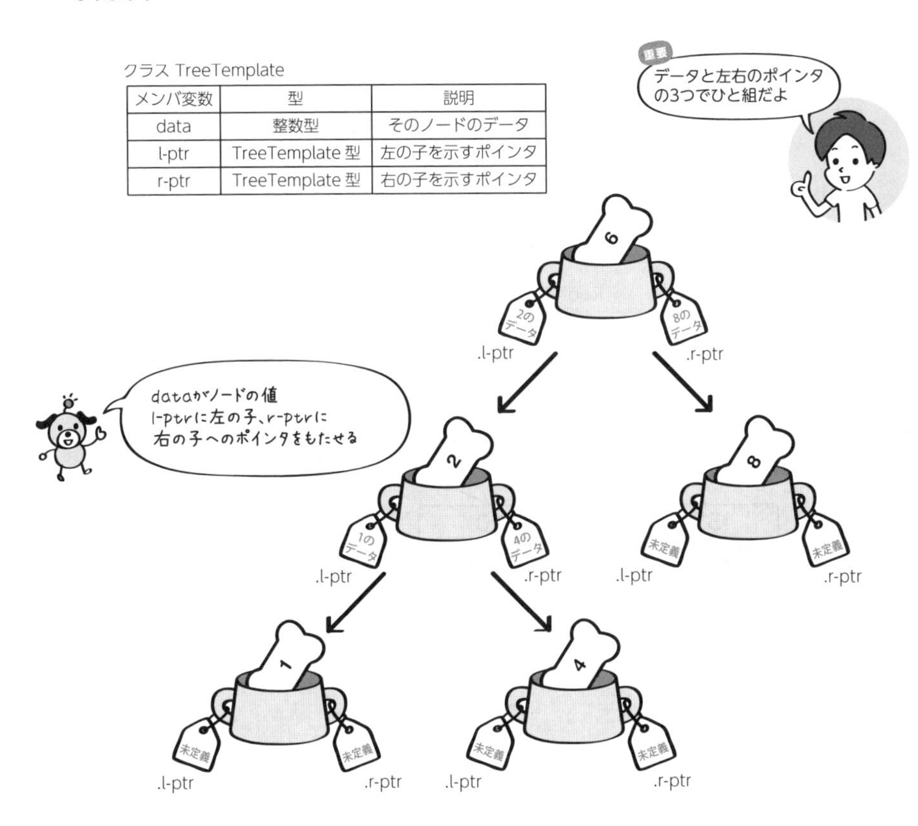

クラス TreeTemplate

メンバ変数	型	説明
data	整数型	そのノードのデータ
l-ptr	TreeTemplate 型	左の子を示すポインタ
r-ptr	TreeTemplate 型	右の子を示すポインタ

この例では、子をもたないポインタは「未定義」としています。

　二分探索木から，データnumと等しい値を探索する。

　二分探索木の各要素は，クラスTreeを用いて表現する。クラスTreeの説明を表に示す。Tree型の変数は，クラスTreeを基に作成した要素（インスタンス）の参照（ポインタ）を格納するものとする。ある要素の次の要素が存在しない場合，ポインタには“未定義”が入る。

　ここでは，既に二分探索木に複数の要素が設定済みであり，変数Rootには二分探索木の根の要素への参照が格納されているものとする。

メンバ変数	型	説明
data	整数型	二分探索木の要素が保持する整数。
left	Tree	要素の左の子の整数を保持する要素の参照が入る。
right	Tree	要素の右の子の整数を保持する要素の参照が入る。

二分探索木の例

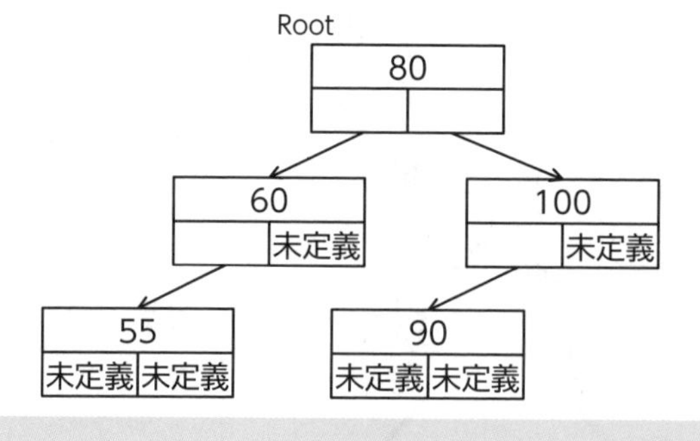

```
○ Btreesearch(整数型：num)
  Tree：node
  node ← Root
  while ((nodeが未定義でない) and (node.dataがnumと等しくない))
    if (node.dataがnumより大きい)
    [    (1)    ]
    else
    [    (2)    ]
    endif
  endwhile
  if (nodeが未定義でない)
    "一致データあり" を表示
  else
    "一致データなし" を表示
  endif
```

解答群　ア　node ← node.left　　イ　node ← node.right
　　　　ウ　node ← Root.left　　エ　node ← Root.right

二分探索木に，データnumを追加する。なお，追加データと等しい値が二分探索木に存在していた場合には，“エラー”を表示する。

二分探索木の各節は，クラスTreeを用いて表現する。クラスTreeの説明を表に示す。Tree型の変数は，クラスTreeを基に作成した要素（インスタンス）の参照（ポインタ）を格納するものとする。ある要素の子の要素が存在しない場合，ポインタには“未定義”が入る。

変数Rootは，二分探索木の根の要素への参照を示す。二分探索木に節が存在しないとき，Rootの値は未定義である。

メンバ変数	型	説明
data	整数型	二分探索木の要素が保持する整数。
left	Tree	要素の左の子の整数を保持する要素の参照が入る。
right	Tree	要素の右の子の整数を保持する要素の参照が入る。

コンストラクタ	説明
Tree(x)	クラスTreeのインスタンスを生成し，メンバ変数dataにxを，メンバ変数leftとrightに未定義を設定して，そのインスタンスへの参照を返す。

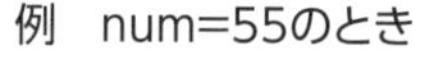

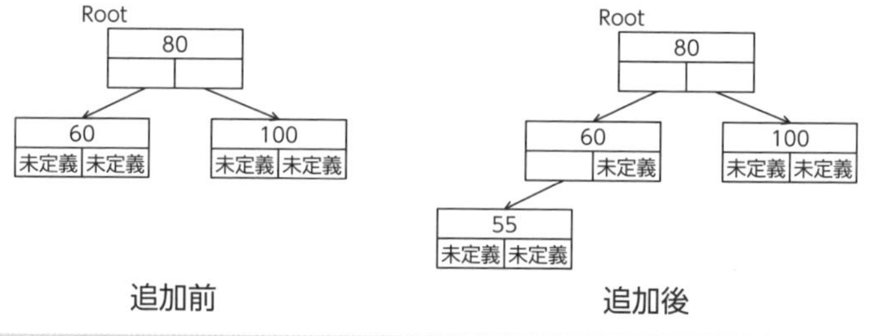

```
大域：Root ← 未定義の値

○ treeinsert(整数型：num)
  Tree：node, parent, tmp
  node ← Root
  while ((nodeが未定義でない) and (node.dataがnumと等しくない))
    parent ← node          /* 現在の位置を退避 */
    if (node.dataがnumより大きい)
      node ← node.left
    else
      node ← node.right
    endif
  endwhile
  if (nodeが未定義)          /* 追加位置が判明したか? */
    tmp ← Tree(num)      /* インスタンスを生成し,値を設定 */
    if (Rootが未定義)
      [    (1)    ]
    elseif (parent.dataがnumより大きい)
      [    (2)    ]
    else
      [    (3)    ]
    endif
  else
    "エラー" を表示
  endif
```

解答群

ア	node.left ← parent	イ	node.left ← tmp
ウ	parent.left ← node	エ	parent.left ← tmp
オ	parent.right ← node	カ	parent.right ← tmp
キ	Root ← node	ク	Root ← tmp

5

木(ツリー)構造

6 ハッシュ法

ハッシュというのは、データをどのようなルールで配列に格納するかという話です。

基本になるのは配列なのですが、[1][2][3]といった添字を順番に使って配列を埋めていくのではなく、格納するデータから「ハッシュ値」という数値を計算して、それを配列の添字として使います。

ハッシュの考え方

配列に格納するデータが数値なら、その数値を使ってあらかじめ決めてあるルールの計算を行い、計算結果の値（ハッシュ値）を、そのまま配列の添字として使います。この場合の計算ルールは、計算結果が配列の添字に使えるように、一定の範囲の整数になるように決めておきます。

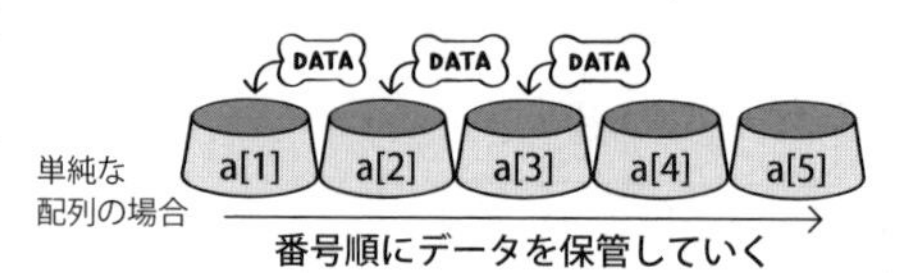

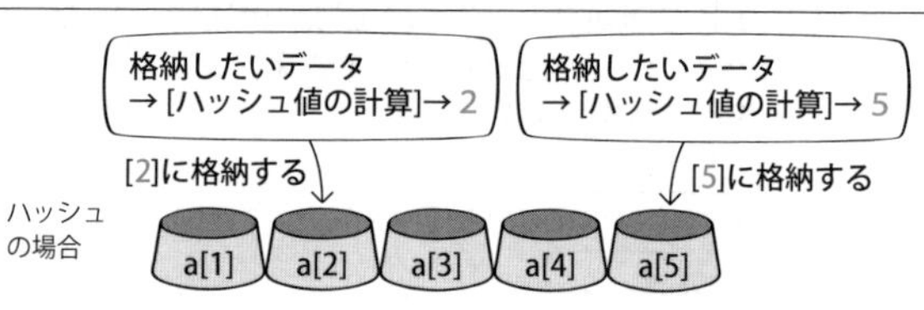

ハッシュ値の計算方法

ハッシュ値を計算する方法は、「ハッシュ関数」という特別な関数や方程式があるわけではありません。そのプログラム内で統一した方法になっていれば、計算自体は何でもいいのです。

もっとも単純な例として、「もとになる数値を100で割った余り」という計算でもハッシュ値として使えます。「nで割った余り」は0～n-1の範囲になるので、こうした計算方法にしておけば、ハッシュに使う配列の添字の最大値を決めておけます。

もう少し複雑にするなら、たとえば次のようなハッシュ値の計算が、過去に科目A試験（当時の科目名は午前試験）で出題されたことがあります。

5桁の数値を$a_1a_2a_3a_4a_5$であらわすとして、　$mod(a_1+a_2+a_3+_4+a_5,13)$
でハッシュ値を計算します。ここでmod(x,13)は、「xを13で割った余り」という意味です。13という値に特別な意味はなく、13で割った余りなら「添字の最大値は12」になります。

たとえば5桁の数値が13579なら　mod(1+3+5+7+9,13)　→　mod(25,13)　→　12
というように、各桁の数字を合計した値である25を13で割った余り、という計算になります。つまり、添字[12]の位置に13579を格納すればいいわけです。

なお、値が43945だった場合、　mod(4+3+9+4+5,13)　→　mod(25, 13)　→　12
というように、元にする数字が違っても、ハッシュ値が同じになってしまうことがあります。こうした場合、その添字（番号）が既に使われていたら、空いている添字まで配列内を順に探していく、という追加の処理が必要になります。

同じハッシュ値になるデータを、「シノニム」と呼びます。

ハッシュ関数

次の関数は、「13で割った余り」というルールでハッシュ値を計算する処理を書いたものです。任意の整数を引数として関数hashを呼び出すと、結果として13で割った余りを返します。

```
○整数型: hash(整数型: key)
  return key mod 13
```

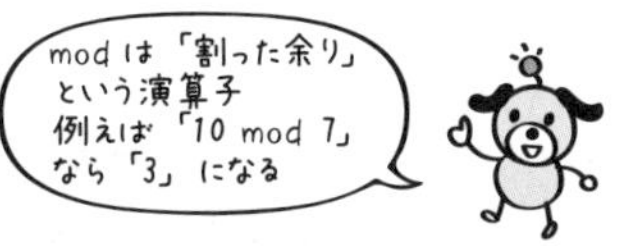

mod は「割った余り」
という演算子
例えば「10 mod 7」
なら「3」になる

ハッシュを利用したデータ記録の実際

文字データのハッシュ値を計算する場合、たとえば「Aが65」「Bが66」といった文字のコード番号を利用すれば、

KAKI	→ 75(K)+65(A)+75(K)+73(I)	→ 288	288 mod 13 → 2
RINGO	→ 82(R)+73(I)+78(N)+71(G)+79(O)	→ 383	383 mod 13 → 6
NASI	→ 78(N)+65(A)+83(S)+73(I)	→ 299	299 mod 13 → 0

というようにハッシュ値を算出できます。ここでは、ハッシュ関数を「13で割った余り」としています。

この例では、「KAKI」という文字列から「2」というハッシュ値を計算し、

data[2].hinmei ← "KAKI"　　data[2].kakaku ← 100

という形でデータを格納します。「RINGO」「NASI」も同様です。

このようにデータが格納されていれば、「KAKI」という商品の価格を知りたい場合には、品名「KAKI」からハッシュ値「2」を計算して、data[2].kakakuで価格100円を取得できます。配列を検索しなくても、品名から算出した添字を使い、直接データを参照できるわけです。

クラスを利用し、下記のような、品名と価格がセットになった情報を記録する例です。

クラス Fruits

メンバ変数	型	説明
hinmei	文字列型	品名
kakaku	整数型	価格

Fruits型の配列：data
data ← {}

柿	100円
りんご	200円
梨	300円

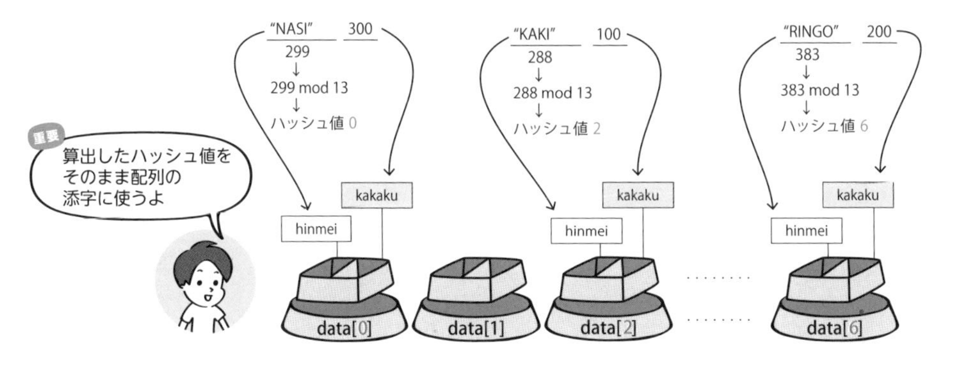

引数として渡された配列tbl（添字は0から始まる），及びnumにより，tblの中でnumと等しい値をもつデータを探索し，発見したときはその要素番号を，発見できなかったときには-1を，呼出し元に返す。

tbl中の要素は，ハッシュ関数

データ mod 100　　（データを100で割った余り）

によって求めたハッシュ値を要素番号とする位置に格納されているが，格納時に衝突（ハッシュ値が等しい別のデータが格納済み）が発生した場合には，空き領域が見つかるまで順次次の位置を（配列の末尾からは先頭に戻って）探し，最初に見つかった空き領域に格納されている。

なお，tblに格納されているデータは，全て異なる正の値である。

tblの例

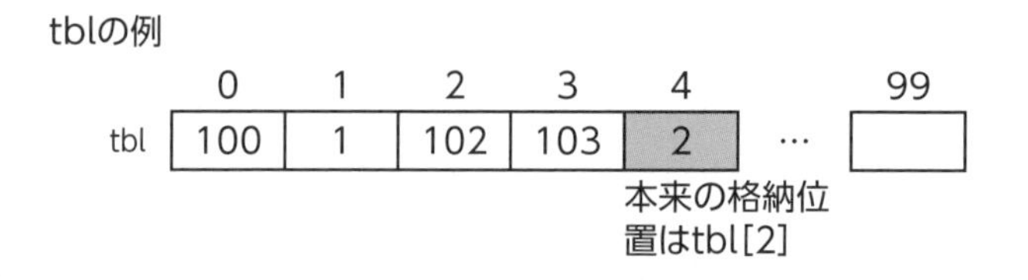

```
大域：整数型：n                        /* 格納済み要素数 */

○ 整数型：hash(整数型：data)           /* ハッシュ関数 */
  return data mod 100                  /* ハッシュ値=データ÷100の剰余 */

○ search(整数型：num)
  整数型：i, h
  i ← 1
  h ← hash(num)
  while ((numがtbl[h]と等しくない) and (iがn以下))
    [    (1)    ]
    i ← i + 1
  endwhile
  if ( [    (2)    ] )
    return h
  else
    return -1
  endif
```

解答群

ア	h ← h + 1	イ	h ← hash(h)
ウ	h ← hash(h + 1)	エ	i が n より小さい
オ	i が n と等しい	カ	i が n 以下
キ	i が n より大きい	ク	i が n 以上

7 整列

整列(ソート)というのは、データを大小順に並べ替えるアルゴリズムです。

実際のアルゴリズムとしては、「選択法」「交換法(バブルソート)」「挿入法」という3種類が基本です。あとは、より効率がいい「クイックソート」「マージソート」「ヒープソート」などが代表的なものです。

このほかにも多くの方法がありますが、少なくともこれら6種類については、並べ替えの原理と処理の流れを理解しておきましょう。

選択法

まず、配列全体から最小値を探して、先頭と入れ替えます。次に、残りの中から最小値を探して、先頭から2つ目と入れ替えます。あとは同様に、「残った中の最小値を探して、残った範囲の先頭と入れ替える」という作業を繰り返します。

スタート位置を後ろにずらしながら繰り返し、スタート位置が末尾まで行ったら終了です。図の例では、iがスタート位置を示します。

```
整数型 : i, j, tmp
n ← 配列のデータ数

/* 外ループ (未確定範囲先頭) */
for (i を 1 から (n-1) まで 1 ずつ増やす )
    /* 内ループ (比較範囲) */
    for (j を (i+1) から n まで 1 ずつ増やす )
        /* 未処理範囲の先頭と比較 */
        if (data[i] が data[j] より大きい )
            /* データの交換 */
            tmp ← data[i]
            data[i] ← data[j]
            data[j] ← tmp
        end if
    end for
end for
```

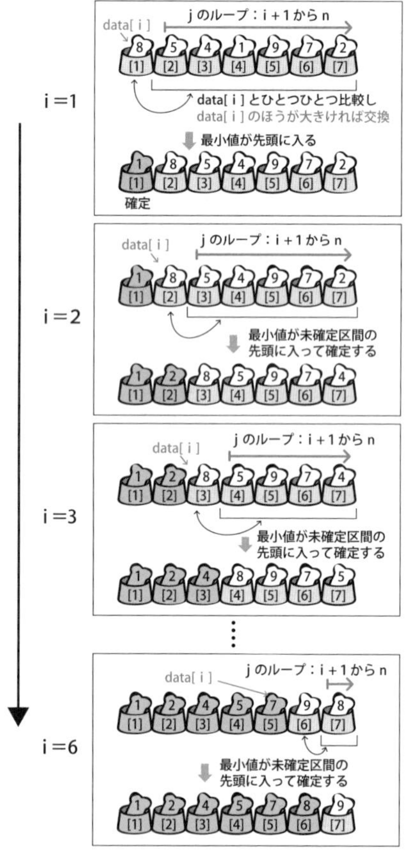

図の例では、jがi+1から末尾(n)まで変化します。このjを使って、data[j]をひとつひとつdata[i]と比較し、data[i]のほうが大きければ交換します。jのループが終了した時点で、data[i]には未処理部分の最小値が残ります。

添字が1から始まるとして、i回目の処理時のjは[i+1]から末尾までです。

交換法(バブルソート)

配列の末尾から先頭に向かってデータを2つずつ比較していき、小さいほうが前になるように入れ替えます。これを繰り返しながら先頭まで進むと、先頭が最も小さな値で確定します。同様の作業を確定していない範囲で繰り返していくと、最終的にデータが整列します。

```
整数型 : i, j, tmp
n ← 配列のデータ数

/* 外ループ（未確定範囲先頭）*/
for (i を 1 から (n-1) まで 1 ずつ増やす )
    /* 内ループ（比較範囲）*/
    for (j を n から (i+1) まで 1 ずつ減らす )
        /* 隣り合う 2 つを比較 */
        if (data[ j ] が data[ j-1 ] より小さい )
            /* データの交換 */
            tmp ← data[ j-1 ]
            data[ j-1 ] ← data[ j ]
            data[ j ] ← tmp
        end if
    end for
end for
```

j のループ：n から i＋1
data[j -1] と data[j] を比較

i のループ

i＝1

j＝7 比較：交換する (data[j -1] data[j]) 8 5 4 1 9 7 2 [1]〜[7]

j＝6 比較：交換する 8 5 4 1 9 2 7

j＝5 比較：交換しない 8 5 4 1 2 9 7

j＝4 比較：交換する 8 5 4 1 2 9 7

j＝3 比較：交換する 8 5 1 4 2 9 7

j＝2 比較：交換する 8 1 5 4 2 9 7

この回が終了した時点の状態 1 8 5 4 2 9 7 確定

i＝2 順次比較して交換する／しない 1 2 8 5 4 7 9 j

i＝3 1 2 4 8 5 7 9 j

i＝4 1 2 4 5 8 7 9 j

i＝5 1 2 4 5 7 8 9 j

i＝6 1 2 4 5 7 8 9 j

小さなデータが位置を交換しながら先頭に向かって移動していく動きから、水面に向かって浮き上がっていく泡をイメージし、バブルソートと呼ばれます。

重要
選択法・交換法・挿入法の
3つが基本だけど効率は
あまりよくないよ

挿入法

現在処理しているデータを、整列済みの範囲内で自分より小さいものと大きいものの間に割り込ませる、という挿入処理を繰り返して整列させる方法です。

まず最初は、先頭のデータひとつが「整列済み」と仮定します。そして2番目のデータと比較し、2番目のデータが小さければひとつ目より前に挿入、2番目のほうが大きければひとつ目の後に挿入します。

3つ目のデータは、前の2つが大小順に整列しているので、その中のどの位置に挿入すればいいかを調べ、そこに挿入します。

あとは同様に、「整列済みデータの中の適切な位置に挿入する」という操作を繰り返せば、すべてのデータを整列させることができます。

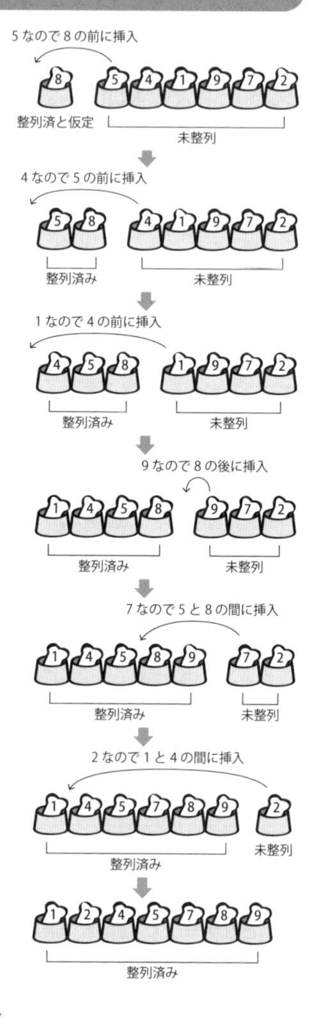

・挿入処理の実際

挿入法のプログラムは、「整列済みデータの中の適切な位置に挿入する」という処理の部分で、いろいろな方式が考えられます。

たとえば次の擬似言語insertionSort（練習59）では、変数jのループで、整列済範囲内の末尾から先頭に向かって、バブルソートのような交換処理を進めています。対象のデータ範囲は整列済なので、先頭までサーチする必要はなく、より小さな値が見つかったらそこで交換ループを抜けます（break）。

こうした順次処理だけでなく、対象範囲が整列済であることを利用し、2分探索の方式で挿入位置を探すこともできます。

```
○insertion_sort(整数型の配列: tbl, 整数型: n)
  整数型: i, j, wk
  for (iを1から(n-1)まで1ずつ増やす)      /* 整列済みの範囲の制御 */
      for (jをiから1まで1ずつ減らす)      /* 追加要素の制御 */
          if (tbl[j]がtbl[j+1]より大きい)
              wk ← tbl[j]                /* データの交換 */
              tbl[j] ← tbl[j + 1]
              tbl[j + 1] ← wk
          else
              break                      /* 内ループを終了させる */
          end if
      end for
  end for
```

tbl[j]
tbl[j + 1]
重要
breakは、それを囲む最も内側の繰返しを強制的に終了する

クイックソート

基準値に対する大小でデータをグループ分けする、という作業を繰り返すことにより、データを整列します。大量のデータを高速で整列できるため、実用的にも多く使われる方法です。

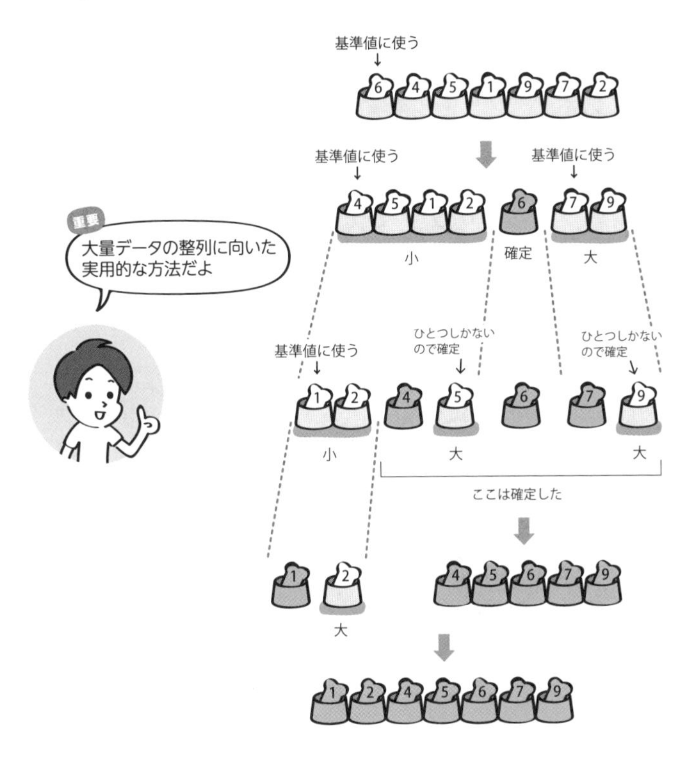

まず、対象データ内から任意のデータをひとつ選び、それを基準値（軸要素）として、基準値の左右に「基準値より小さな値」「基準値より大きな値」という2つのグループを作ります。各グループ内は整列していません。

この時点で、基準値にした値は、その位置が整列後の位置として確定します。なお基準値は、図の例では単純にデータの先頭の値としています。

あとは同様に、各グループごとに基準値を決めて、基準値の左右に大小のグループとして分ける、という作業を繰り返します。繰り返すごとに、各グループの要素数は少なくなります。ひとつ基準値を作ってグループ分けするごとに、その基準値が整列後の位置として確定していきます。

基準値の決め方として、理論的に最適な基準値を選ぶ方法も考えられるのですが、それを探すのに手間がかかっては意味がないので、「先頭の値」「先頭2つの大きいほう」「ランダムに選んだ値」など、単純に決定したものがよく使われます。

マージソート

まず、もとになるデータを短い配列に分解しておきます。そこから2つの配列をとり、データを比較しながらひとつの配列にまとめる、という手順を繰り返すことにより、全体を整列させる方法です。

まず、もとになるデータをバラバラに分解し、隣り合うデータの大小を比較して、小→大順に並んだ長さ2の配列を複数作ります（図のマージ1）。

次に、隣り合う2つの配列（各々の長さは2または1）を使い、2つの配列を併合（マージ）した長さ4または3の配列にします（図のマージ2）。この時、「各配列の先頭を比較して小さいほうをとる」というルールで両方の配列からデータがなくなるまで取っていくと、小→大順に整列した配列になります。

あとは同様に、「隣り合う長さ4の配列をマージして長さ8の配列にする。」「長さ8の配列をマージして長さ16の配列にする。」というように繰り返して、最終的にひとつの配列になれば整列完了です。

「2つの配列の先頭を比較して小さいほうをとる」という処理では、通常、処理する2つの配列は同じ配列上に並んで配置されています。この場合、まず最初のほうにある配列を仮配列に退避させ、その部分の配列をあけておきます。あとは、各配列の先頭を比較し、小さいほうを空いた部分の先頭から記録していけば、2つの配列を合わせて整列した配列になります。 プログラム的には、再帰的な呼び出しを使うのが一般的です。関数内で自分自身を呼び出すという「再帰」の考え方により、プログラムを単純化できます。

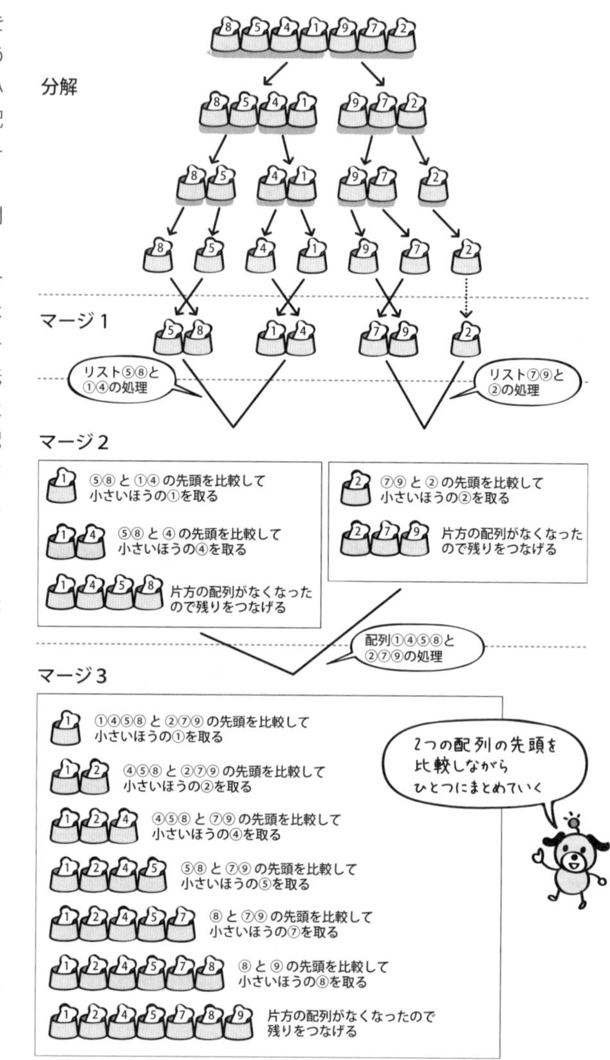

ヒープソート

ヒープというのは2分木の一種で、ルートが必ず最大値（最小値）になるという特徴をもっています。これを利用し、対象データをヒープ化してルートの値を取る、という繰り返しで整列させる方法です。

配列とヒープの要素の位置関係

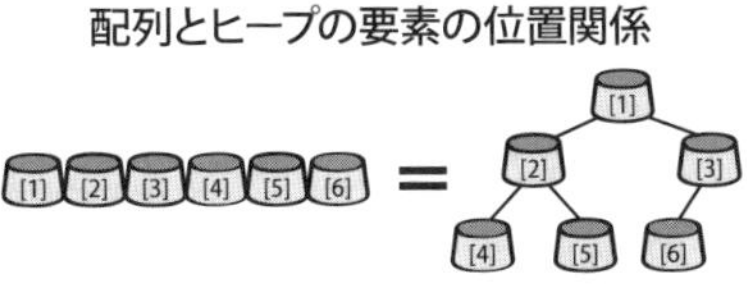

ヒープ生成がプログラムのポイント

ヒープは、「親よりも子のほうが小さい」というルールで、ノードに値が配置されています。2つある子の左右の大小は関係ありません。右図の②の状態です。

ヒープでは、ルートにある要素は必ず全要素の最大値になっています。この特性を利用し、

③ルートの値を配列の末尾に→④残データの再ヒープ化

↓

⑤ルートの値を配列の末尾に→⑥残データの再ヒープ化

↓

という処理を繰り返すとにより、データの整列を行ないます。

実際の処理では、ルートのデータを未処理範囲の末尾データと入れ替え、未処理範囲をひとつ短くします。これを、未処理範囲が先頭だけになるまで繰り返せばいいわけです。

ヒープは、「親よりも子のほうが大きい」というルールで作ることもできます。この場合はルートの値が全要素の最小値になり、末尾から確定していく手順なので実行後の配列の値は降順になります。

配列が1から始まるとして、ノードnの親の添字はn/2（小数点以下切り捨て）になります。例えばdata[5]の親はdata[2]です。逆に、ノードnの子は2nと2n+1なので、data[2]の子はdata[4]とdata[5]です。

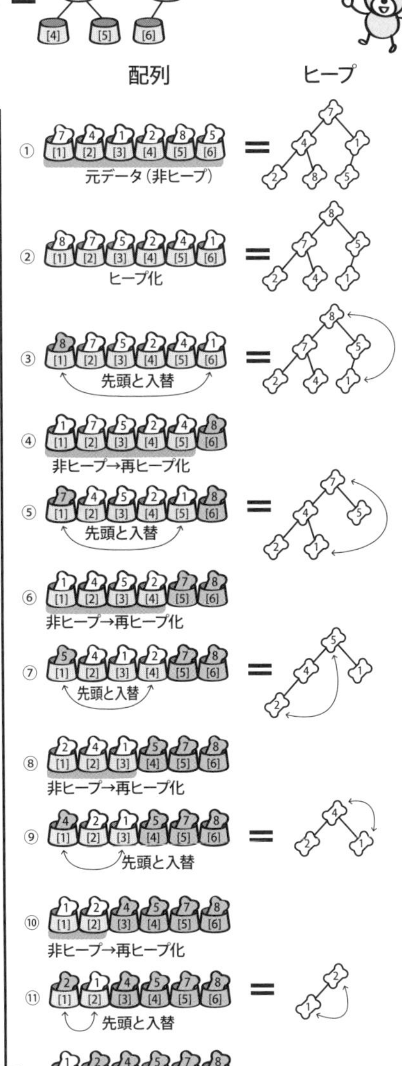

練習54

配列tbl(tbl[1]～tbl[n])に記録されているデータを，選択法により昇順に整列する。

```
○ selection_sort(整数型の配列：tbl, 整数型：n)
  整数型：i, j, wk
  for ( i を1からn － 1まで1ずつ増やす)        /* 確定させる位置の制御 */
    for ( j を i + 1からnまで1ずつ増やす)     /* 比較対象の位置の制御 */
      if (tbl[ i ]がtbl[ j ]より大きい)
        wk ← tbl[ i ]                         /* データの交換 */
        [ (1) ]
        [ (2) ]
      endif
    endfor
  endfor
```

解答群
- ア tbl[j] ← tbl[i]
- イ tbl[i] ← tbl[j]
- ウ tbl[j] ← wk
- エ tbl[i] ← wk

配列tbl(tbl[1]～tbl[n])に記録されているデータを，選択法により昇順に整列する。データの無駄な交換が生じないように，そこまでの最小値の位置(添字)を記憶しておき，比較終了後にデータの交換を行う。

```
○ selection_sort(整数型の配列：tbl, 整数型：n)
  整数型：i, j, m, wk
  for (iを1からn − 1まで1ずつ増やす)          /* 確定させる位置の制御 */
    m ← i
    for (jをi + 1からnまで1ずつ増やす)        /* 比較対象の位置の制御 */
      if (tbl[m]がtbl[j]より大きい)
        [    (1)    ]
      endif
    endfor
    if (iがmと等しくない)
      wk ← tbl[i]                             /* データの交換 */
      [    (2)    ]
      [    (3)    ]
    endif
  endfor
```

解答群

ア	m ← i	イ	m ← j
ウ	tbl[i] ← tbl[j]	エ	tbl[j] ← tbl[i]
オ	tbl[i] ← tbl[m]	カ	tbl[j] ← tbl[m]
キ	tbl[i] ← wk	ク	tbl[j] ← wk
ケ	tbl[m] ← wk		

配列tbl(tbl[1]～tbl[n])に記録されているデータを，交換法により昇順に整列する。

```
○ bubble_sort(整数型の配列：tbl, 整数型：n)
  整数型：i, j, wk
  for ( i をnから2まで1ずつ減らす)   /* 比較範囲の制御 */
    for ( j を [   (1)   ] )          /* 比較位置の制御 */
      if (tbl[ j ]がtbl[ j + 1]より大きい)
        wk ← tbl[ j ]                 /* データの交換 */
        tbl[ j ] ← tbl[ j + 1]
        tbl[ j + 1] ← wk
      endif
    endfor
  endfor
```

解答群　ア　1からi－1まで1ずつ増やす　　イ　1からiまで1ずつ増やす
　　　　ウ　2からiまで1ずつ増やす　　　エ　2からi＋1まで1ずつ増やす

配列tbl(tbl[1]～tbl[n])に記録されているデータを，交換法により昇順に整列する。比較中に1回も交換が発生しなかった場合には，プログラムを終了させる。

```
○ bubble_sort(整数型の配列：tbl, 整数型：n)
  整数型：i , j , wk, flg
  flg ← 1
  i ← n
  while ((i が1より大きい) and (flgが1と等しい))
    flg ← 0
    for ( j を1から i − 1まで1ずつ増やす)
      if (tbl[ j ]がtbl[ j + 1]より大きい)
        wk ← tbl[ j ]
        tbl[ j ] ← tbl[ j + 1]
        tbl[ j + 1] ← wk
        [    (1)    ]
      endif
    endfor
    i ← i − 1
  endwhile
```

解答群　ア　flg ← -1　　イ　flg ← 0　　ウ　flg ← 1

7
整列

配列tbl(tbl[1]～tbl[n])に記録されているデータを，次の方法により昇順に整列する。

(1)　m=nとする。
(2)　m>1が成り立つか，又は交換が発生した場合に，(3)以降の処理を行う。
(3)　m=m／2とする。
(4)　tblの先頭から順に，mだけ離れた位置のデータと比較し，降順の場合には交換する。
(5)　(2)に戻る。

```
○ comb_sort(整数型の配列：tbl, 整数型：n)
  整数型：i , wk, flg, m
  flg ← 1
  m ← n
  while ( [  (1)  ] )
    flg ← 0
    i ← 1
    m ← m ÷ 2
    if (mが1より小さい)
      m ← 1
    endif
    while ( [  (2)  ] )
      if (tbl[ i ]がtbl[ i + m]より大きい)
        wk ← tbl[ i ]
        tbl[ i ] ← tbl[ i + m]
        tbl[ i + m] ← wk
        flg ← 1
      endif
      i ← i + 1
    endwhile
  endwhile
```

解答群

ア　(mが1より大きい) and (flgが0と等しい)
イ　(mが1より大きい) and (flgが1と等しい)
ウ　(mが1より大きい) or (flgが0と等しい)
エ　(mが1より大きい) or (flgが1と等しい)
オ　iがn以下　　カ　iがm以下
キ　iが(n − m)以下　　ク　iが(n + m)以下

配列tbl(tbl[1]～tbl[n])に記録されているデータを，挿入法により昇順に整列する。

```
○ insertion_sort(整数型の配列：tbl, 整数型：n)
  整数型：i , j , wk
  for ( i を1からn − 1まで1ずつ増やす)          /*整列済みの範囲の制御 */
    for ( j を [    (1)    ] )                /* 追加要素の制御 */
      if (tbl[ j ]がtbl[ j + 1]より大きい)
        wk ← tbl[ j ]                         /* データの交換 */
        tbl[ j ] ← tbl[ j + 1]
        tbl[ j + 1] ← wk
      else
        break                                 /* 内ループを終了させる */
      endif
    endfor
  endfor
```

解答群　ア　1からi − 1まで1ずつ増やす　　イ　0からiまで1ずつ増やす
　　　　ウ　iから1まで1ずつ減らす　　　　エ　iから2まで1ずつ減らす

7
整列

練習 60

配列tbl(tbl[1]〜tbl[n])に記録されているデータを，挿入法により昇順に整列する。

挿入対象データの一つ前から先頭に向かって，挿入対象データより大きなデータを一つ後ろに移動させ，挿入対象データ以下のデータが出現するか，又は比較相手がなくなったら，その直後に挿入する。

```
○ insertion_sort(整数型の配列：tbl, 整数型：n)
  整数型：i , j , wk
  for ( i を2からnまで1ずつ増やす)        /* 外ループ(挿入対象の制御) */
    wk ← tbl[ i ]
    j ← i − 1
    while ( j が1以上)                    /* 内ループ(挿入位置の探索) */
      if (wkがtbl[ j ]より小さい)
        [    (1)    ]                     /* 一つ後ろにずらす */
      else
        break                             /* 内ループを終了させる */
      endif
      j ← j − 1
    endwhile
    [    (2)    ]
  endfor
```

解答群
- ア　tbl[j] ← tbl[j − 1]
- イ　tbl[j + 1] ← tbl[j]
- ウ　tbl[j] ← wk
- エ　tbl[j + 1] ← wk

配列tbl(tbl[1]～tbl[n])に記録されているデータを，次の方法により昇順に整列する。

(1)　末尾の値が先頭の値よりも小さければ，それらを交換する。

(2)　整列対象の要素数が3以上ならば，
先頭2／3の要素を対象として(1)に戻る。
末尾2／3の要素を対象として(1)に戻る。
先頭2／3の要素を対象として(1)に戻る。

(3)　整列対象の要素数が3未満ならば終了する。

なお，プログラムが最初に呼び出されるとき，引数i，jには，それぞれ1，nが渡されるものとする。

```
○ stooge_sort(整数型の配列：tbl, 整数型：i , 整数型：j )
  整数型：wk, t
  if (tbl[ i ]がtbl[ j ]より大きい)
    wk ← tbl[ i ]
    tbl[ i ] ← tbl[ j ]
    tbl[ j ] ← wk
  endif
  if (( j − i + 1)が3以上)
    t ← ( j − i + 1) ÷ 3                  /* t：整列要素数の1／3 */
    stooge_sort(tbl, [   (1)   ])         /* 先頭2／3を対象に整列 */
    stooge_sort(tbl, [   (2)   ])         /* 末尾2／3を対象に整列 */
    stooge_sort(tbl, [   (1)   ])         /* 先頭2／3を対象に整列 */
  endif
```

解答群　ア　i , j　　　イ　i , i + t　　ウ　i + t, j
　　　　エ　i , j + t　　オ　i − t, j　　カ　i , j − t

7 整列

0〜m−1の範囲の整数値がランダムに格納された配列tbl(tbl[0]〜tbl[n−1])の内容を,次の手順により昇順に整列する。なお,整数値は,ある値が複数存在することや,一つも存在しないこともあり得る。

(1)　配列tbl全体を走査して,要素数mの配列dの,整数値を添字とする位置に,その整数値の個数を格納する。

例えば,配列tbl中に3が5個存在する場合には,d[3]=5となる。

(2)　0〜m−1の範囲の整数値 i について,d[i]≠0ならば,配列tblに i をd[i]個連続して格納する。

例えば,tbl中の0, 1, 2の個数が,それぞれ3, 0, 4のとき,d[0]=3, d[1]=0, d[2]=4となり,tblには

	0	1	2	3	4	5	6	…
tbl	0	0	0	2	2	2	2	…

のように,昇順に整列された値が格納されることになる。

```
○ bucket_sort(整数型の配列：tbl, 整数型：n, 整数型：m)
  整数型の配列：d
  整数型：i , j , k
  for ( i を0からm − 1まで1ずつ増やす)
    d[ i ] ← 0
  endfor
  for ( i を0からn − 1まで1ずつ増やす)
    [    (1)    ]                    /* 整数値の個数をカウント */
  endfor
  j ← 0
  for ( i を0からm − 1まで1ずつ増やす)
      for (kを [    (2)    ] )
        [    (3)    ]                /* 整数値の個数分,整数値を格納 */
        j ← j + 1
      endfor
  endfor
```

解答群

ア	1からd[i]まで1ずつ増やす	イ	1から i まで1ずつ増やす
ウ	d[i] ← d[i − 1] + 1	エ	d[i] ← d[i] + 1
オ	d[tbl[i]] ← d[tbl[i]] + 1	カ	tbl[j] ← i
キ	tbl[j] ← j	ク	tbl[j] ← k
ケ	tbl[k] ← i	コ	tbl[k] ← j

一次元配列aの要素a[1]～a[n]で構成されたヒープ(二分木の一種)を，ヒープソートによって昇順に整列する。

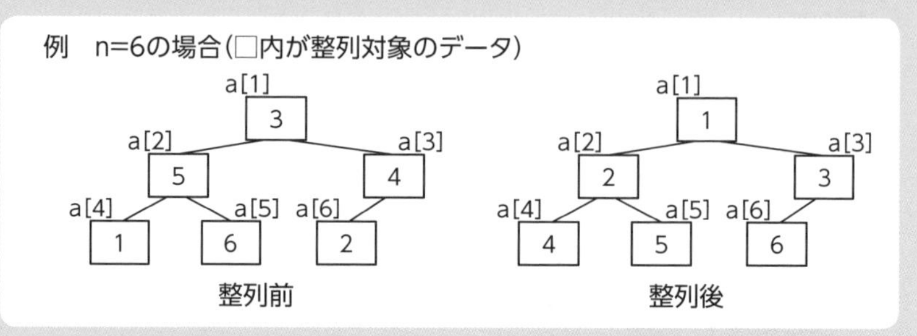

(1)　最後の親子(親の添字がn／2の親子)から始め，先頭の親子(親の添字が1の親子)まで一つずつ遡りながら，「親のデータ≧左右の子のデータ」となるように，データを入れ替える。

(2)　(1)の過程において，親と子のデータの入替えを行った場合には，親と入れ替わった子を親と見なして，「親のデータ≧左右の子のデータ」となるようにデータを入れ替える操作を，入替えが発生しなくなるか，又は子がなくなるまで繰り返す。
　入替えが発生しなくなるか，又は子がなくなったら，(1)の操作を継続する。

(3)　(1)，(2)が終了すると，未整列要素中の最大データが根の位置に移動しているので，これと未整列要素中の最後のデータを入れ替える。この時点で未整列要素中の最後のデータは位置が確定し，以降の処理の対象からは除外される。

(4)　未整列要素数を一つ減らし，それが1でなければ(1)に戻る。

```
大域：整数型の一次元配列：a

○ heapsort(整数型：n)
  整数型：num, p
  for (numをnから2まで1ずつ減らす)   /* 未整列要素数が1になるまで継続 */
    for (pを(num ÷ 2)から1まで1ずつ減らす)  /* 親の添字を変化させる */
      makeheap(p, num)
    endfor
    a[1]とa[num]を交換
  endfor

○ makeheap(整数型：p, 整数型：num)       /* p：親の添字 */
  整数型：l, r                              /* num：未整列要素数 */
  l ← p × 2
  r ← l + 1
  if (rがnum以下)                           /* 右の子は処理対象か? */
    if (  (1)  )
      if (  (2)  )
        a[l]とa[p]を交換
        makeheap(l, num)
      endif
    else
      if (  (3)  )
        a[r]とa[p]を交換
        makeheap(r, num)
      endif
    endif
  else
    if (lがnum以下)                         /* 左の子は処理対象か? */
      if (  (4)  )
          a[l]とa[p]を交換
          makeheap(l, num)
      endif
    endif
  endif
```

解答群(重複して選んでもよい)

ア　a[l]がa[p]より大きい　　イ　a[r]がa[p]より大きい
ウ　a[l]がa[r]より大きい　　エ　a[l]がa[p]より小さい
オ　a[r]がa[p]より小さい　　カ　a[l]がa[r]より小さい

練習64

配列aのa[l]～a[r]に格納された整数データを，クイックソートによって昇順に整列する。

(1)　プログラムquicksortは，整列対象データが格納された配列，及び整列範囲を引数に受け取り，整列範囲の左端<整列範囲の右端が成り立つ間，次の処理を実行する。

①　関数partitionを呼び出し，基準値の位置（添字）を求める。

②　①で求めた位置を整列範囲の右端として，プログラムquicksortを呼び出す。

③　①で求めた位置の右隣りを整列範囲の左端として，プログラムquicksortを呼び出す。

(2)　関数partitionは，整列対象データが格納された配列，及び整列範囲を引数に受け取り，整列範囲の左端の値を基準値の初期値として，次の処理を実行する。

①　整列範囲を左端から順に走査し，基準値以上の値が初めて出現する位置を求める。

②　整列範囲を右端から順に走査し，基準値以下の値が初めて出現する位置を求める。

③　①で求めた位置が②で求めた位置より手前なら，それらの位置の値を交換し，それらの位置を整列範囲の左端，及び右端とみなして①に戻る。①で求めた位置が②で求めた位置より手前でなければ④に進む。

④　②で求めた位置を基準値の位置として，呼出し元に返す。

```
○ quicksort(整数型の配列：a, 整数型：l, 整数型：r)
                                  /* l：整列範囲の左端, r：整列範囲の右端 */
  整数型：j
  if (lがrより小さい)
    j ← partition(a, l, r)      /* j ← 確定した基準値の位置 */
    quicksort(a, l, j)          /* 前半にquicksortを適用 */
    quicksort(a, j + 1, r)      /* 後半にquicksortを適用 */
  endif

○ 整数型：partition(整数型の配列：a, 整数型：l, 整数型：r)
                                  /* l：整列範囲の左端, r：整列範囲の右端 */
  整数型：i, j, pivot
  論理型：flg ← true
  i ← [    (1)    ]
  j ← [    (2)    ]
  pivot ← a[l]                  /* 基準値の初期値 ← 範囲の左端の要素 */
  do
    do                          /* 最も左側の基準値以上の要素を探す */
      i ← i + 1
    while (a[i]がpivot [    (3)    ])
    do                          /* 最も右側の基準値以下の要素を探す */
      j ← j − 1
    while (a[j]がpivot [    (4)    ])
    if (iがjより小さい)
      a[i]とa[j]を交換
    else
      flg ← false               /* 繰返しを終了させる */
    endif
  while (flgがtrueと等しい)
  return j                      /* 確定した基準値の位置を返す */
```

解答群			
	ア l − 2	イ l − 1	ウ l + 1
	エ r	オ r − 1	カ r + 1
	キ と等しい	ク より小さい	ケ より大きい

7 整列

練習65

配列aのa[l]〜a[r]に格納された整数データを，マージソートによって昇順に整列する。

マージソートは，配列を前半と後半に分ける「分割」と，分割された配列を昇順に一つにまとめる「併合」の二つの処理からなり，その処理イメージは下図のとおりである。

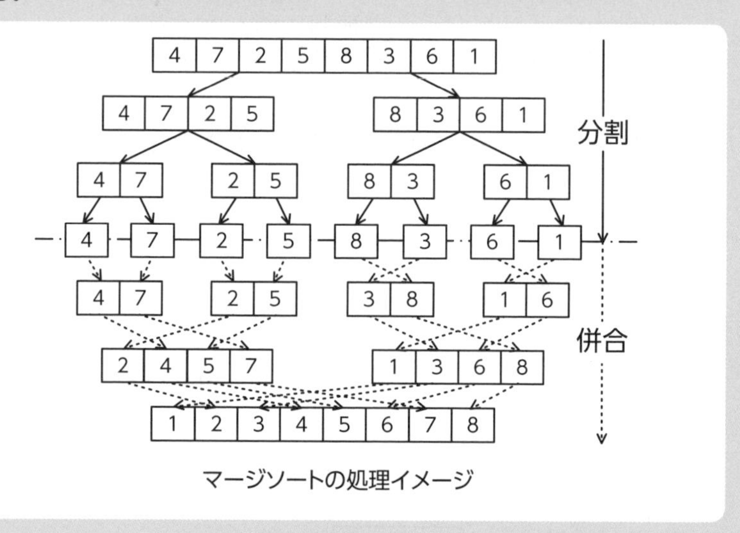

マージソートの処理イメージ

(1)　プログラムmergesortは「分割」を行うためのもので，整列対象データが格納された配列，及び整列範囲を引数に受け取り，整列範囲の左端<整列範囲の右端が成り立つ間，次の処理を実行する。

① 整列範囲の中央の位置（添字）を求める。

② ①で求めた位置を整列範囲の右端として，プログラムmergesortを呼び出す。

③ ①で求めた位置の右隣を整列範囲の左端として，プログラムmergesortを呼び出す。

④ プログラムmergeを呼び出して，「併合」を行う。

(2)　プログラムmergeは「併合」を行うためのもので，併合対象データが格納された配列，併合する範囲の左端，中央，及び右端の位置を引数に受け取り，次の処理を実行する。

① 二つの配列ll，rrを用意し，併合対象のデータが格納された配列の前半をllに，後半をrrに格納する。

② llの要素とrrの要素を合わせた全体から小さい順に値を取り出し，元の配列に格納する。

なお，データは大域変数hvに設定された値より小さく，プログラムの実行中に配列ll及びrrがあふれることはないものとする。

```
大域：整数型：hv ← 10000

○ mergesort(整数型の配列：a, 整数型：l, 整数型：r)
  整数型：m
  if (lがrより小さい)
    m ← (l + r) ÷ 2
    mergesort(a, l, m)              /* 前半を再分割 */
    mergesort(a, [   (1)   ])       /* 後半を再分割 */
    merge(a, l, m, r)               /* 前半と後半を併合 */
  endif

○ merge(整数型の配列：a, 整数型：l, 整数型：m, 整数型：r)
  整数型：i, j, k, n1, n2
  整数型の配列：ll, rr
  n1 ← [   (2)   ]                  /* 前半の要素数 */
  n2 ← r − m                        /* 後半の要素数 */
  i ← l
  for (kを1からn1まで1ずつ増やす)
    ll[k] ← a[i]                    /* 前半を配列llに転記 */
    i ← i + 1
  endfor
  ll[n1 + 1] ← [   (3)   ]
  j ← [   (4)   ]
  for (kを1からn2まで1ずつ増やす)
    rr[k] ← a[j]                    /* 後半を配列rrに転記 */
    j ← j + 1
  endfor
  rr[n2 + 1] ← [   (3)   ]
  i ← 1
  j ← 1
  for (kをlからrまで1ずつ増やす)
    if (ll[i]がrr[j]以下)           /* 前半と後半から */
      a[k] ← ll[i]                  /* 要素の小さい順に */
      i ← i + 1                     /* 取り出し,配列aに格納 */
    else
      a[k] ← rr[j]
      j ← j + 1
    endif
  endfor
```

解答群			
	ア 0	イ 1	ウ hv
	エ m − 1	オ m − 1, r	カ m − l + 1
	キ m + 1	ク m + 1, r	ケ m, r

7 整列

8 文字列処理

文字列処理では、「長さmの文字列Aは、一文字ずつ配列a[1]a[2]…a[m]に入っている」というように、文字列は一文字ずつ分解して配列に格納された状態で扱います。

文字列処理のアルゴリズムには、文字列をつなぎ合わせたり途中に割り込ませたりする「連結」や「挿入」、文字列の一部分を「削除」するといった処理があります。

その他の文字列処理としては、文字列の中に含まれる短い文字列を探すという、「照合」の処理も文字列処理の基本と言えます。

文字列の追加

文字列に文字列を追加する処理としては、末尾に追加する「連結」と、途中に割り込ませる「挿入」があります。

末尾に追加する場合は、配列を伸ばして、そこに書き込むだけです。

途中に挿入する場合は、あらかじめ配列内のデータをずらして間をあけてから、そこにコピーする形で文字を書き込みます。

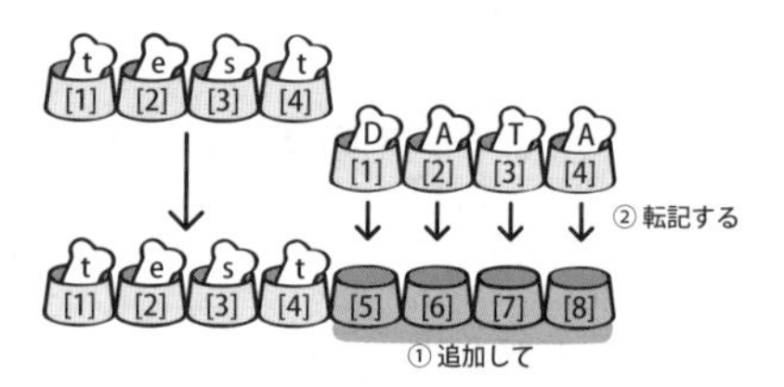

重要
対象の文字列が一文字ずつに分解して配列に入っているという前提だよ

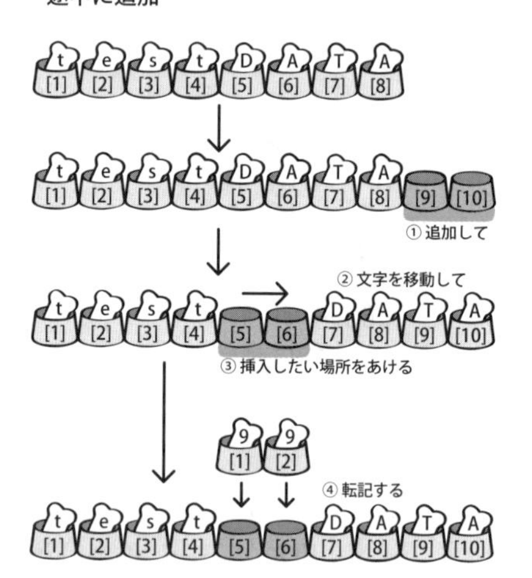

なお、文字の移動は「a[i+1]←a[i]」のように転記することでおこないますので、右図の②の処理後も本来は[5]と[6]には「D」「A」が残ります。しかし、その後の④の処理によって上書きされるため、意図した通りに追加することができます。

文字列の部分削除

文字列の一部を削除する場合、その部分から後の文字列を、削除したい文字数分だけ前に移動する処理が必要です。

なお、右図の実行後の本来の姿は、[9][10]に「T」「A」が残った状態になります。しかし、データ数を管理する変数（例えばn）を8に更新することで、見かけ上、データが存在しないように扱うことができます。

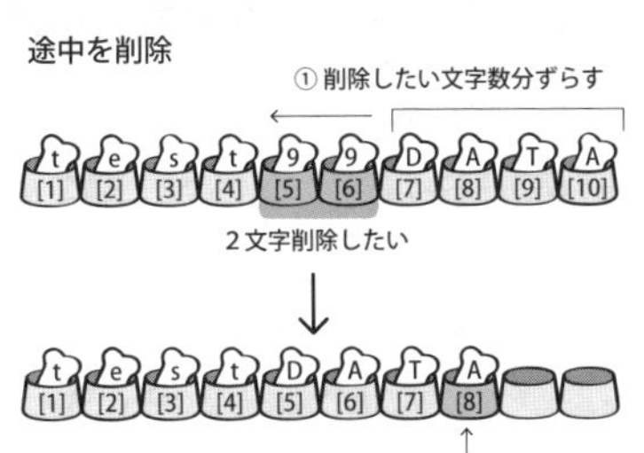

文字の照合

ある文字列が、別の文字列の中に含まれるかを調べて、含まれている場合はその位置を特定します。

照合のアルゴリズムには、先頭から機械的に比較していく極めて単純で基本的な方法のほか、より効率化を目指したKMP法やBM法などがあります。

図の例は、単純な文字列照合です。iのループで先頭位置をずらしながら、内側のjループでパターン文字列を先頭から比較していきます。

実際の文字列照合を行っているjのループは、一致しない文字があった時点で変数flgがfalseになり、ループを終了して次のif文に進みます。

このプログラムは、該当箇所がいくつあるか数えるようになっています。jループが中断せずに最後まで回ると、変数flagがtrueのままjループを抜けてくるので、それによって「一致」と判定し、変数countに1を加えています。

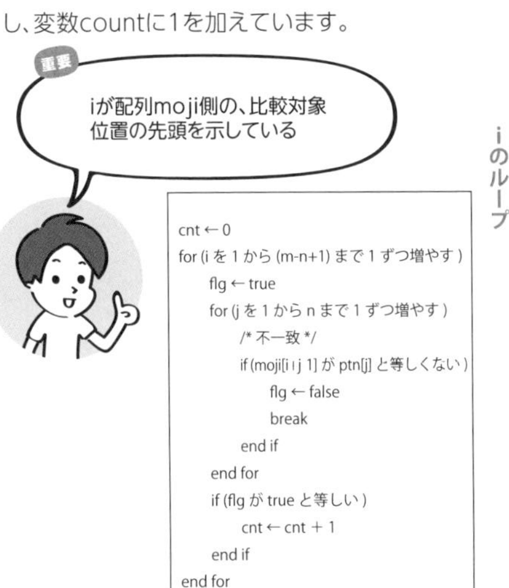


```
cnt ← 0
for (i を 1 から (m-n+1) まで 1 ずつ増やす )
    flg ← true
    for (j を 1 から n まで 1 ずつ増やす )
        /* 不一致 */
        if (moji[i+j-1] が ptn[j] と等しくない )
            flg ← false
            break
        end if
    end for
    if (flg が true と等しい )
        cnt ← cnt + 1
    end if
end for
cnt を表示
```

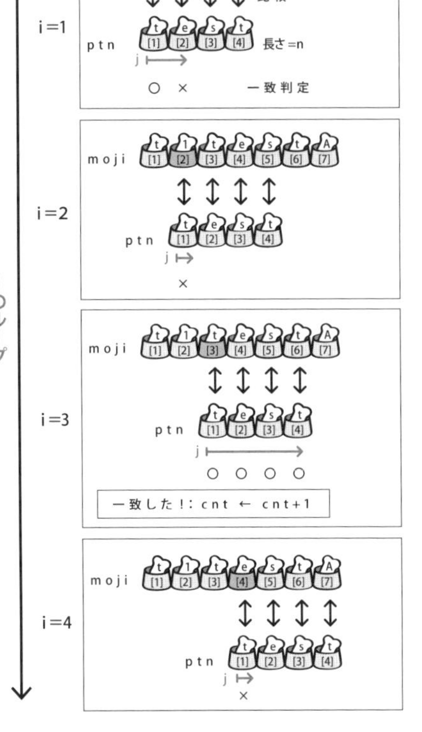

練習66

解答➡P.171 標準学習時間 5min

受け取った1桁の整数を文字データに変換して返す。

例　0→“0”, 3→“3”

```
○ 文字型：DtoC(整数型：d)
  文字型の配列：char ← {"0", "1", "2", "3", "4",
                        "5", "6", "7", "8", "9"}
                              /* 添字は0から始まる */
  return [   (1)   ]
```

解答群　ア　char[0]　　イ　char[3]　　ウ　char[d]

テキスト文字列moji（moji[1]～moji[m]）の中にパターン文字列ptn（ptn[1]～ptn[n]）と等しいパターンが何個含まれているかを数えて表示する。ただし，一致した部分文字列も探索対象に含めるものとする。

なお，m≧nが成り立つものとする。

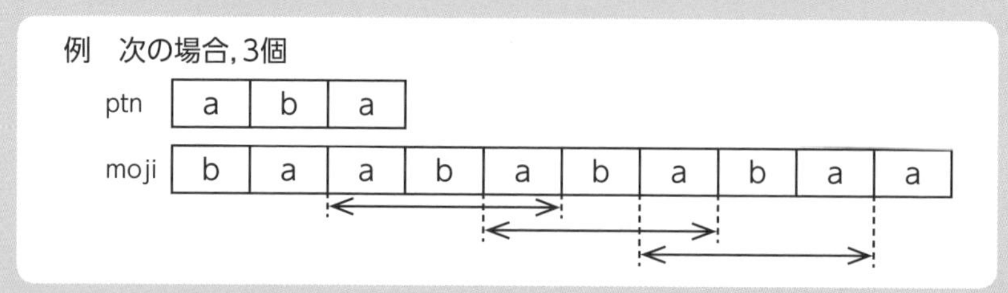

(1)　mojiとptnそれぞれの1目文字目から，文字の比較を開始する。

(2)　テキスト文字列中にパターン文字列を見つけた場合，及び比較中に不一致が発生した場合，次の図のように，ptnを1文字分右にずらし，比較を再開する。

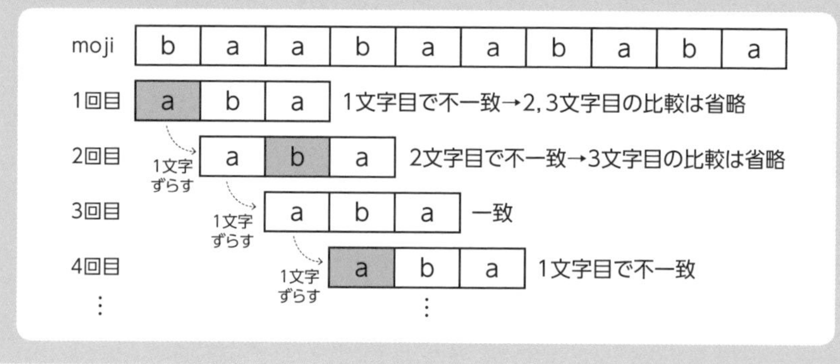

```
○ strings_search(文字型の配列：moji, 整数型：m,
                 文字型の配列：ptn, 整数型：n)
  整数型：i , j , cnt
  論理型：flg
  cnt ← 0
  for（i を1から(m − n + 1)まで1ずつ増やす）
    flg ← true
    j ← 1
    while（( j がn以下) and (flgがtrueと等しい))
      if (moji[    (1)    ]がptn[ j ]と等しくない) /* 比較文字が不一致か */
        flg ← false
      endif
      j ← j + 1
    endwhile
    if (    (2)    )
      cnt ← cnt + 1
    endif
  endfor
  cntを表示
```

解答群
ア i　　　　　　　　　イ i + j
ウ i + j − 1　　　　　エ i + j + 1
オ flgがfalseと等しい　カ flgがtrueと等しい

テキスト文字列moji(moji[1]～moji[m])の中にパターン文字列ptn(ptn[1]～ptn[n])と等しいパターンが含まれているかどうかを調べ，含まれている場合にはその先頭位置を，含まれていない場合には-1を返す。

例　次の場合，2を返す

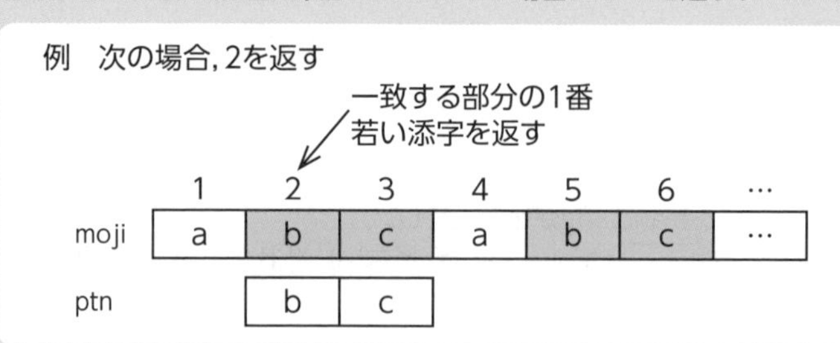


```
○ 整数型：str_srch(文字型の配列：moji, 整数型：m,
                    文字型の配列：ptn, 整数型：n)
  整数型：i , j , c
  c ← -1
  for ( i を1から(m − n + 1)まで1ずつ増やす)
    j ← 1
    while ( j がn以下)
      if (moji[ i + j − 1]がptn[ j ]と等しくない)
        break              /* 内ループを終了させる */
      endif
      j ← j + 1
    endwhile
    if ( j がnより大きい)
      [   (1)   ]
      break                /* 外ループを終了させる */
    endif
  endfor
  return c
```

解答群　ア　c ← i　　イ　c ← j

テキスト文字列moji(moji[1]～moji[m])の中にパターン文字列ptn(ptn[1]～ptn[n])と等しいパターンが何個含まれているかを数える。ただし，一致した部分文字列も探索対象に含めるものとする。

なお，m≧nが成り立つものとする。

```
○ strings_search(文字型の配列：moji, 整数型：m,
                 文字型の配列：ptn, 整数型：n)
  整数型：i , j , cnt
  論理型：flg
  cnt ← 0
  i ← 1
  while ( i が(m − n + 1)以下)
    flg ← true
    j ← 1
    while ( j がn以下)
      if (moji[ i ]がptn[ j ]と等しくない)
        flg ← false
        break          /* 内ループを終了させる */
      endif
      i ← i + 1
      j ← j + 1
    endwhile
    if (flgがtrueと等しい)
      cnt ← cnt + 1
    endif
    [    (1)    ]
  endwhile
  cntを表示
```

解答群　ア　i ← i − j　　　　イ　i ← i − j − 1
　　　　ウ　i ← i − j + 1　　エ　i ← i − j + 2

8 文字列処理

練習70

テキスト文字列moji（moji[1]～moji[m]）の中にパターン文字列ptn（ptn[1]～ptn[n]）と等しいパターンが何個含まれているかを数える。ただし，一致した部分文字列は探索対象から除くものとする。

なお，m≧nが成り立つものとする。

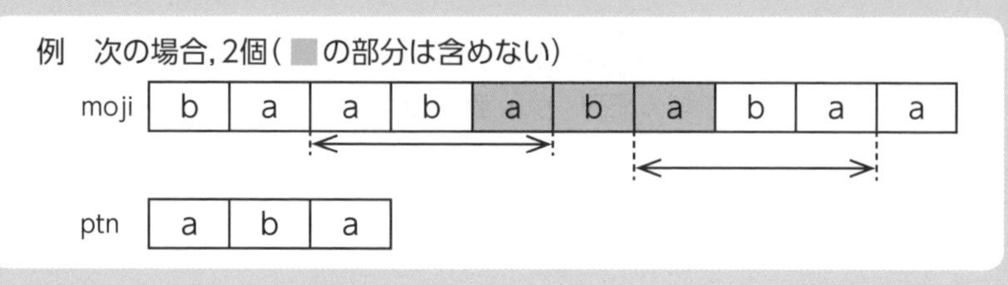


```
○ strings_search(文字型の配列：moji, 整数型：m,
                 文字型の配列：ptn, 整数型：n)
  整数型：i , j , cnt
  論理型：flg
  cnt ← 0
  i ← 1
  while ( iが(m － n ＋ 1)以下)
    flg ← true
    j ← 1
    while (( jがn以下) and (flgがtrueと等しい))
      if (moji[ i ＋ j － 1]がptn[ j ]と等しくない)
        flg ← false
      endif
      j ← j ＋ 1
    endwhile
    if (flgがtrueと等しい)
      cnt ← cnt ＋ 1
      i ← [  (1)  ]        /* 一致した場合の比較開始位置の更新 */
    else
      i ← [  (2)  ]        /* 一致しない場合の比較開始位置の更新 */
    endif
  endwhile
  cntを表示
```

解答群　ア　i　　イ　i－1　　ウ　i＋1
　　　　エ　i－n　　オ　i＋n

テキスト文字列moji(moji[1]〜moji[m])の中にパターン文字列ptn(ptn[1]〜ptn[n])と等しいパターンが何個含まれているかを数える。ただし，一致した部分文字列は探索対象から除くものとする。

```
○ strings_search(文字型の配列：moji, 整数型：m,
                  文字型の配列：ptn, 整数型：n)
  整数型：i , j , cnt
  論理型：flg
  cnt ← 0
  i ← 1
  while ( i が(m − n + 1)以下)
    flg ← true
    j ← 1
    while ( j がn以下)
      if (moji[ i ]がptn[ j ]と等しくない)
        flg ← false
        [    (1)    ]
        break
      endif
      i ← i + 1
      j ← j + 1
    endwhile
    if (flgがtrueと等しい)
      cnt ← cnt + 1
    endif
  endwhile
  cntを表示
```

解答群　ア　i ← i − j　　イ　i ← i − j + 1　　ウ　i ← i − j + 2

8

文字列処理

文字列a(a[1]～a[m])中のタブ文字をn文字分の空白文字に置き換え，文字列bに出力する。文字列bは十分な長さをもつものとし，最後の文字が格納された位置をlに求める。

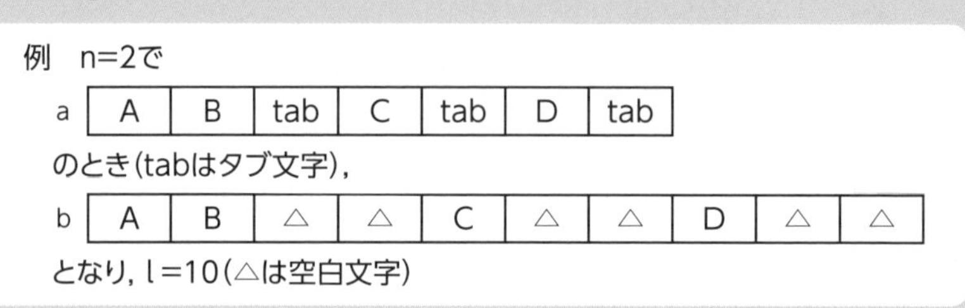

例　n=2で

a	A	B	tab	C	tab	D	tab

のとき(tabはタブ文字)，

b	A	B	△	△	C	△	△	D	△	△

となり，l=10(△は空白文字)

```
大域：整数型：l ← 0

○ replace(文字型の配列：a, 整数型：m, 文字型の配列：b, 整数型：l , 整数型：n)
  整数型：i , j
  i ← 1
  while ( i がm以下)
    if (a[ i ]がtabと等しい)          /* tabはタブ文字を表す */
      for ( [   (1)   ] )
        l ← l + 1
        b[ l ] ← "△"                /* "△" は空白文字を表す */
      endfor
    else
      l ← l + 1
      b[ l ] ← a[ i ]
    endif
    i ← i + 1
  endwhile
```

解答群
- ア　j を0から(n − 2)まで1ずつ増やす
- イ　j を0から(n − 1)まで1ずつ増やす
- ウ　j を1から(n − 1)まで1ずつ増やす
- エ　j を1から(n + 1)まで1ずつ増やす

文字列a(a[1]～a[m])中で，同一文字が3文字以上連続する場合に「文字」と「連続文字数」に置き換え，文字列bに出力する。3文字以上連続しない文字はそのままbに出力する。なお，連続する文字数は9文字以内とする。

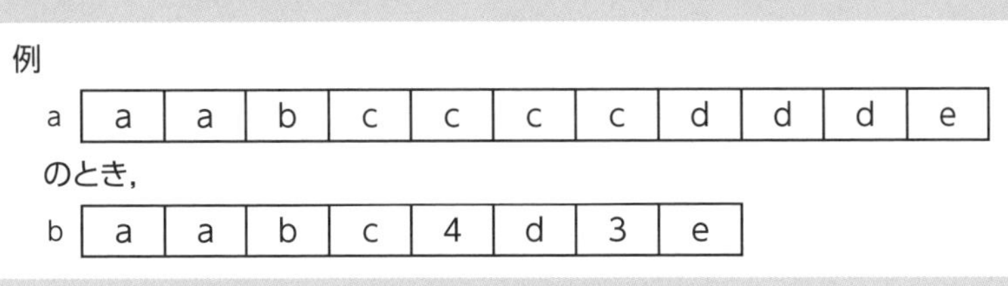

a	a	a	b	c	c	c	c	d	d	d	e

b	a	a	b	c	4	d	3	e

```
○ runlength(文字型の配列：a, 整数型：m, 文字型の配列：b)
  整数型：i , j , k, n
  文字型の配列：c ← {"1", "2", "3", "4", "5", "6", "7", "8", "9"}
                              /* 添字は1から始まる */
  i ← 1
  j ← 0
  while ( iがm以下)
    j ← j + 1
    b[ j ] ← a[ i ]          /* 1文字分をbに転記 */
    n ← 1                    /* 連続文字数 ← 1 */
    [    (1)    ]
    while ((kがm以下) and ( [    (2)    ] ))
      n ← n + 1
      k ← k + 1
    endwhile
    if (nが3以上)
      j ← j + 1
      b[ j ] ← c[n]          /* 連続文字数(数値)を数字(文字)として格納 */
    elseif (nが2と等しい)
      j ← j + 1
      [    (3)    ]
    endif
    i ← k
  endwhile
```

解答群
ア k ← i　　イ k ← i + 1
ウ a[k]がa[i]と等しい　　エ a[k]がa[i]と等しくない
オ b[j] ← a[i +1]　　カ b[j] ← a[k]

文字列c(c[1]～c[n], n≦26)に格納されている, 全てが異なる英小文字の並び順を変えた順列を出力する。

例　c | a | b | c | d | のとき,

abcd, abdc, acbd, acdb, adcb, adbc,
bacd, badc, bcad, bcda, bdca, bdac,
cbad, cbda, cabd, cadb, cdab, cdba,
dbca, dbac, dcba, dcab, dacb, dabc
の24種類が出力される。

(1)　要素の交換対象となる範囲をc[l]～c[r]とする。
(2)　l=rが成り立つならば, c[1]～c[n]を出力する。
(3)　l=rが成り立たないならば, c[l]～c[r]のそれぞれについて, 次の①～③を実行する。
　①　c[l]と交換する。
　②　c[l+1]～c[r]を対象範囲として, (1)に戻る。
　③　c[l]と交換する。

なお, プログラムが最初に呼び出されるとき, 引数l, rには, それぞれ1, nが渡される。

```
○ permutation(文字型の配列：c, 整数型：n, 整数型：l, 整数型：r)
  整数型：i
  if (lがrと等しい)
    c[1]～c[n]を出力
  else
    for (iをlからrまで1ずつ増やす)
      c[i]とc[l]を交換
      permutation( [ (1) ] )
      c[i]とc[l]を交換
    endfor
  endif
```

解答群
ア　c, n, c[l], c[r]　　イ　c, n, c[l+1], c[r]
ウ　c, n, l, r　　エ　c, n, l+1, r

文字列x(x[0]〜x[3]), y(y[0]〜y[3])に格納されている"0"〜"9"の数字, 及び"a"〜"f"の英小文字を16進数とみなし, x+yの結果を文字列z(z[0]〜z[3])に求める。ここで, 加算結果は16進数4桁でおさまるものとする。

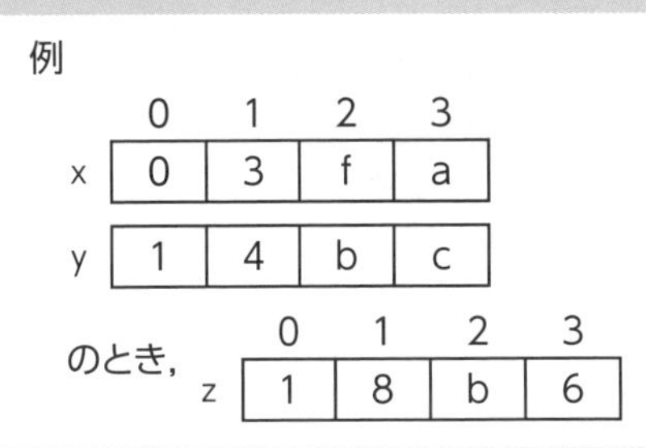


```
大域：文字型の配列：n ← {"0", "1", "2", "3", "4", "5", "6", "7",
                         "8", "9", "a", "b", "c", "d", "e", "f"}
                                              /* 添字は0から始まる */

○ addhex(文字型の配列：x, 文字型の配列：y, 文字型の配列：z)
  整数型：i , c, t
  c ← 0
  for (iを3から0まで1ずつ減らす)
    t ← tonum(x[i]) + tonum(y[i]) + c
    z[i] ← [    (1)    ]
    c ← [    (2)    ]
  endfor

○ 整数型：tonum(文字型：a)          /* 文字aに相当する数値を返す */
  整数型：i
  for (iを0から15まで1ずつ増やす)
    if (aがn[i]と等しい)
      return i
    endif
  endfor
```

解答群				
	ア	t ÷ 16	イ	n[t − 16]
	ウ	n[t mod 16]	エ	n[t]
	オ	t	カ	t mod 16

8 文字列処理

いずれも英小文字のみが格納された文字型の配列a,及び配列aの長さより1文字分長い文字型の配列bを受け取り,bのみに格納されている文字を表示する。

bは,aに格納されている文字に加え,aには格納されていない文字を1文字含んでいる。

(1) bを先頭から1文字ずつ走査し,各文字の個数を配列nに求める。

(2) aを先頭から1文字ずつ走査し,各文字の個数を配列nから除く。

(3) nを先頭から走査し,0でない要素に対応する文字がbのみに格納されている文字に該当する。

```
大域：文字型の配列：c ← {"a", "b", "c", "d", "e", "f", "g", "h",
                          " i ", " j ", "k", " l ", "m", "n", "o", "p",
                          "q", "r", "s", "t", "u", "v", "w", "x",
                          "y", "z"}
                               /* 添字は1から始まる */

○ extracharcter(文字型の配列：a, 文字型の配列：b)
  整数型の配列：n
  整数型：i, d, k
  for (iを1から26まで1ずつ増やす)
    n[i] ← 0
  endfor
  for (iを1からbの長さまで1ずつ増やす)
    k ← instr(b[i])
    [    (1)    ]
  endfor
  for (iを1からaの長さまで1ずつ増やす)
    k ← instr(a[i])
    [    (2)    ]
  endfor
  for (iを1から26まで1ずつ増やす)
    if (n[i]が0でない)
      [    (3)    ] を表示
      break                    /* 繰返しを終了させる */
    endif
  endfor

○ 整数型：instr(文字型：x)       /* 文字xが文字型の配列cの先頭から */
                               /* 何番目かを返す */
  整数型：i
  for (iを1から26まで1ずつ増やす)
    if (c[i]がxと等しい)
      return i
    endif
  endfor
```

解答群
ア c[i]　　イ c[k]
ウ n[i]　　エ n[k]
オ n[k] ← n[k] − 1　　カ n[k] ← n[k] + 1

8 文字列処理

練習77

後置記法(逆ポーランド記法)で誤りなく記述された式を受け取り，中置記法に変換した式を返す。

例

元の式 (後置記法)	返却値 (中置記法)
abc++	(a+(b+c))
ab*c+	((a*b)+c)
ab+cd-/	((a+b)/(c-d))

(1)　元の式を構成する要素を先頭から順に調べ，その種別に従って該当する処理を行う。

・要素がオペランド(英小文字)である場合

各行に文字，及び文字列を格納することができる文字型の二次元配列stackの最初の未使用行に入れる。

stackの各行の文字，又は文字列は，stack[行番号]で表される。

・要素が“+”，“-”，“*”，“/”のいずれかである場合

①　stackの最終行から順に文字列を二つ取り出し，それぞれop1(最終行の文字列)，op2(最終行から2番目の文字列)とする。

②　「“(“ & op2 & 要素 & op1 & ”)”」の形式の文字列を作り，スタックに入れる。ここで，「&」は文字列連結演算子である。

(2)　元の式の末尾までの処理を終えたら，stackの先頭行を呼出し元に返す。

プログラムで使用している「strcpy(x, y)」は，文字列yを文字列xに複写する副プログラムであり，実行すると，文字列xは文字列yに置き換わる。

なお，文字型の配列の添字，及びstackの行番号は，いずれも1から始まるものとし，処理中にあふれることはない。

```
○ 文字型の配列：postfixtoinfix(文字型の配列：exp)
  文字型の二次元配列：stack
  文字型の配列：op1, op2, infix
  整数型：i, sp ← 0
  for (iを1からexpの長さまで1ずつ増やす)
    if (isoperand(exp[i])が [   (1)   ] と等しい)
                                 /* 要素はオペランドか? */
      [   (2)   ]
      strcpy(stack[sp], exp[i])  /* exp[i]をstackのsp行目に複写 */
    else
      strcpy(op1, stack[sp])
      [   (3)   ]
      strcpy(op2, stack[sp])
      strcpy(stack[sp], "(" & op2 & exp[i] & op1 & ")")
    endif
  endfor
  strcpy(infix, stack[sp])        /* stackのsp行目の文字列をinfixに複写 */
  return infix

○ 論理型：isoperand(文字型：x)
  return not((xが "+" と等しい) or (xが "-" と等しい)
             or (xが "*" と等しい) or (xが "/" と等しい))
```

解答群　ア　false　　　　　イ　true
　　　　ウ　sp ← sp − 1　　エ　sp ← sp + 1

8 文字列処理

解答解説

模範解答一覧

練習1	(1)ア (2)カ
練習2	(1)エ (2)ア
練習3	(1)イ
練習4	(1)ウ
練習5	(1)イ (2)ア
練習6	(1)ウ
練習7	(1)エ
練習8	(1)ア (2)エ
練習9	(1)イ (2)エ
練習10	(1)ウ (2)カ
練習11	(1)イ (2)エ
練習12	(1)ア (2)エ
練習13	(1)イ (2)オ
練習14	(1)エ (2)イ
練習15	(1)ウ
練習16	(1)ア (2)イ (3)カ
練習17	(1)イ (2)カ
練習18	(1)ア (2)サ
練習19	(1)ウ (2)イ
練習20	(1)ア (2)カ (3)エ
練習21	(1)ア (2)キ
練習22	(1)エ (2)キ
練習23	(1)ウ (2)エ
練習24	(1)ウ (2)カ
練習25	(1)ウ (2)オ
練習26	(1)エ (2)イ
練習27	(1)ウ
練習28	(1)キ (2)オ (3)イ
練習29	(1)ア
練習30	(1)ア
練習31	(1)ア (2)エ (3)ウ (4)オ
練習32	(1)ア (2)オ
練習33	(1)ア (2)カ (3)エ
練習34	(1)オ
練習35	(1)エ
練習36	(1)ウ (2)カ
練習37	(1)エ (2)ク
練習38	(1)イ (2)エ (3)ウ (4)カ
練習39	(1)ア (2)オ
練習40	(1)エ
練習41	(1)イ
練習42	(1)ウ
練習43	(1)イ (2)ウ
練習44	(1)イ (2)ア (3)ウ (4)ク
練習45	(1)ウ (2)イ
練習46	(1)カ (2)ア (3)ア
練習47	(1)ウ
練習48	(1)オ (2)エ
練習49	(1)エ (2)カ
練習50	(1)ア (2)エ
練習51	(1)ア (2)イ
練習52	(1)ク (2)エ (3)カ
練習53	(1)ウ (2)カ
練習54	(1)イ (2)ウ
練習55	(1)イ (2)オ (3)ケ
練習56	(1)ア
練習57	(1)ウ
練習58	(1)エ (2)キ
練習59	(1)ウ
練習60	(1)イ (2)エ
練習61	(1)カ (2)ウ
練習62	(1)オ (2)ア (3)カ
練習63	(1)ウ (2)ア (3)イ (4)ア
練習64	(1)イ (2)カ (3)ク (4)ケ
練習65	(1)ク (2)カ (3)ウ (4)キ
練習66	(1)ウ
練習67	(1)ウ (2)カ
練習68	(1)ア
練習69	(1)エ
練習70	(1)オ (2)ウ
練習71	(1)ウ
練習72	(1)イ
練習73	(1)イ (2)ウ (3)オ
練習74	(1)エ
練習75	(1)ウ (2)ア
練習76	(1)カ (2)オ (3)ア
練習77	(1)イ (2)エ (3)ウ

1 擬似言語

練習 1

問題➡ P.12

解答 (1)ア　tenが79より大きい　(2)カ　tenが59より大きい

<考え方>
if文により、受け取った点が80点以上かどうかを判断する。
・80点以上の場合、呼出し元に"a"を返す。
80点以上ではない場合、elseif文により60点以上かどうかを判断する。
・60点以上の場合、呼出し元に"b"を返す。
60点以上でもない場合、呼出し元に"c"を返す。

(1)　真と判定された場合に"a"が返されることより、引数tenに受け取った点数が80点以上の場合に真と判定される条件式、すなわち「tenが80以上」が当てはまる。ただし、これは選択肢の中にはないため、同等の意味をもつ「tenが79より大きい」を選ぶ。

(2)　真と判定された場合に"b"が、偽と判定された場合には"c"が返されることにより、引数tenに受け取った点数が60点以上、すなわち「tenが59より大きい」が当てはまる。

練習 2

問題➡ P.12

解答 (1)エ　tenが59以下　(2)ア　tenが79より大きい

<考え方>
設問の内容は前題と同じだが、条件を逆に考えていく。
if文により、受け取った点が、60点未満かどうかを判断する。
・60点未満の場合、呼出し元に"c"を返す。
60点未満ではない場合、elseif文により80点以上かどうかを判断する。
・80点以上の場合、呼出し元に"a"を返す。
80点以上ではない場合、呼出し元に"b"を返す。

(1)　真と判定された場合に"c"が返されることにより、引数tenに受け取った点数が60点未満、すなわち59点以下の場合に真と判定される「tenが59以下」が当てはまる。

(2)　真と判定された場合に"a"が、偽と判定された場合には"b"が返されることから、引数tenに受け取った点数が80点以上、すなわち79点を上回る場合に真と判定される「tenが79より大きい」が当てはまる。

練習 3

問題→ P.13

解答　(1)イ　(not leap)がtrueと等しい

<考え方>
受け取った4桁の整数値を西暦年号とみなし、うるう年か否かを判断する。剰余(余り)を求めるために演算子「mod」を使用する。/*で始まり*/で終わる記述は注釈(コメント)であり、実行命令ではない。注釈は問題を解く上でのヒントになることが多いため、気を付けて見るようにしよう!

論理型変数leapの初期値をfalse(平年を意味する)としておき、
西暦年号が400で割り切れるかどうかを判断する。
　・割り切れる場合は論理型変数leapをtrue(うるう年を意味する)に変更する。
400で割り切れない場合は、4で割り切れるかどうかを判断し、4で割り切れる場合には、100で割り切れないかどうかを判断する。
　・4で割り切れ、かつ100で割り切れない場合、論理型変数leapをtrueに変更する。

論理型変数leapに設定された値(真理値)により、うるう年か否かを判断する。
　・うるう年でない場合(leapがfalse)は、「うるう年でない」を出力
　・そうでない場合(leapがtrue)は、「うるう年である」を出力

例えば、西暦2000年は、400で割り切れるため、うるう年である。一方、1900年や2100年などは、400では割り切れず、4でも100でも割り切れるため、平年と判断される。

(1)　論理型変数leapの初期値はfalseであるが、うるう年の条件を満たす場合にtrueに切り替わる。つまり、leapは、うるう年ならばtrueに、うるう年でなければfalseになる。空欄の条件が真と判定された場合に"うるう年でない"と出力するため、空欄の条件は「leapがfalseと等しい」となるが、これは選択肢の中にはないため、演算子notにより論理変数leapの真偽を反転させ、それがtrueのときに"うるう年でない"と出力する。
　なお、論理型変数はそれ自体が真偽のいずれかを保持するため、条件式で「trueと等しい/等しくない」、「falseと等しい/等しくない」のような比較を行わず、論理型変数だけを条件式に指定することもできる。

練習 4

問題→ P.13

解答　(1)ウ　ans ← ans + data

<考え方>
繰返し処理の直前にある「dataに数値を入力」で、入力装置から一つ目の数値を変数dataに読み込む。二つ目以降の数値は、繰返し内にある「dataに数値を入力」で入力されるが、負の数値が入力されると、繰返しの継続条件「dataが0.0以上」が成立しなくなり、繰返しが終了する。それまでに入力された数値の和は変数ansに求める。数値は0件以上入力されるため、1回目で負の数値が入力された場合は、繰返し処理は1回も実行されない。

(1)　変数ansの初期値は0.0であるため、二つ目の数値を入力する前に一つ目の数値を変数ansに加算する必要がある。以降、変数dataに入力される負ではない数値を次々に加算していく。

問題➡P.14

解答 ⑴イ　n＋1　⑵ア　n－1

<考え方>
設問の内容は前題と似ているが、和ではなく平均を求める。平均は、入力された非負の数値の和をそれらの個数で割ることにより求める。
各変数が保持する値は次のとおりである。

変数	保持する値
sum	入力された数値の和
n	入力された数値の個数
data	入力された数値
avg	入力された数値の平均

⑴　入力された数値の平均を求めるためには、数値の合計と個数が必要となる。合計は変数sumに求めるので、空欄⑴を含む処理が、個数を変数nに求めるための処理に該当する。数値の個数は、数値を読み込む都度nに1を加算することで求めることができる。
⑵　直前の繰返し処理が終了した時点で、変数dataには負の数値が入力されており、変数nにはその負の数値の個数が余分に加算されている。したがって、それを除くために、nから1を引く。

問題➡P.14

解答 ⑴ウ　2から10まで

<考え方>
繰返し処理において変数ataiの値を変化させながら変数ansに加算していくことで、1～10の合計を変数ansに求める。変数ansの初期値が1である点に注意する。

⑴　変数ansの初期値が1であるため、繰返し処理では、変数ansに加算する変数ataiが2から10まで1ずつ変化するようにする。

問題➡ P.15

解答 ⑴エ　ans ← ans + i

<考え方>
設問の内容は前題とほぼ同じだが、1〜nまでの整数の和を、n／2回の加算の繰返しで求める。変数pの使い方が重要である。

1からnまでの整数の和を、

$$1+2+3+\cdots+(n-2)+(n-1)+n$$

のように、先頭+末尾、先頭から2番目+末尾から2番目、…と数値を二つずつ組み合わせて加算することで、いずれの加算結果も変数pに設定した1 ＋ nとなり、加算の回数は変数mに設定したn ÷ 2回となる。

ただし、nが奇数のときには、中央の値が加算されずに繰返しが終了するため、繰返し終了後にnが奇数か否かを判定し、奇数の場合には中央の値を加算する。

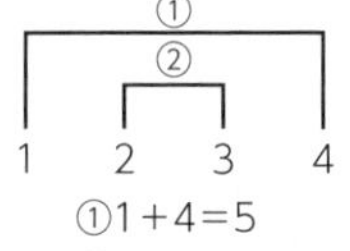

①1＋4＝5
②2＋3＝5
2 回足し算をし、10 を求める
n が偶数の場合

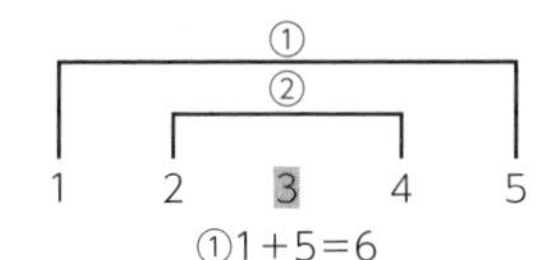

①1＋5＝6
②2＋4＝6
2 回足し算をし、12 を求め、3 を加える
n が奇数の場合

⑴　nが奇数のとき、変数mには端数0.5が切り捨てられた整数が求まる。その結果、中央に位置する値が加算されずに繰返し処理が終了するため、繰返し処理の終了後、m×2≠nが成り立つか否かを調べ、成り立つときにはnが奇数であるので、まだ加算されていない中央に位置する値をansに加算する。

nが奇数のとき、中央に位置する値は$\frac{n+1}{2}$であり、繰返し処理では、その前後の数値の組合せまでが加算される。

$$\cdots+\frac{n-1}{2}+\frac{n+1}{2}+\frac{n+3}{2}+\cdots$$

繰返し処理での最後の加算

その後、i が1増えて$\frac{n+1}{2}$になった時点で繰返しが終了するため、変数ansには i を加算すればよい。

問題➡ P.16

解答　(1)ア　d ÷ 10　(2)エ　z × 10

<考え方>
引数dに受け取った正の整数値の0の桁を全て5に書き換えた値を返す。

数値に含まれる全ての0を5に置き換えるためには、数値を1桁ずつ処理する必要があるが、dの値が可変である、つまり最上位の位が特定できないため、上位桁からの処理では処理が煩雑になる。一方、下位桁からの処理であれば、dが幾つであっても、常に1の位から処理を開始でき、処理が簡潔になる。

具体的には、
①dが0になるまで、10で割りながら
②その時点の1の位の値を取り出し、
　それが0ならば5に、0でないならば1の位そのものに
③取り出した値の元々の位に相当する値を掛けて加算
という処理を行えばよい。

例えば、d=1002030を1552535に変換する場合の処理イメージは、次のようになる。

d	x(dの1の位)	z(位取り)	加算する値	y(合計)
1002030	0	1	5×1	5
100203	3	10	3×10	35
10020	0	100	5×100	535
1002	2	1000	2×1000	2535
100	0	10000	5×10000	52535
10	0	100000	5×100000	552535
1	1	1000000	1×1000000	1552535

(1)　元の数値の1の位、10の位、100の位、…を、10で割ったときの剰余(d mod 10)で変数xに取り出すために、繰返しの都度、dを10で割ることで、対象となる桁を1の位に移動させる。

(2)　取り出すのは1の位の値であるが、実際には、それぞれ元の1の位の値、10の位の値、100の位の値、…であるため、位取りの値を示す変数zを、繰返しの都度10倍する。

問題➡ P.17

解答　(1)イ　(i mod 3)が0と等しい　(2)エ　(i mod 5)が0と等しい

<考え方>
1からn(=100)までの整数について、3又は5で割り切れる、つまり3又は5で割った余りが0か否かを調べ、その結果により文字列又は数字を表示する。

(1)　条件が成立した場合に"Fizz"を表示するので、iが3で割り切れたときに真と判定される、「(i mod 3)が0と等しい」が当てはまる。

(2)　条件が成立した場合に"Buzz"を表示するので、iが5で割り切れたときに真と判定される「(i mod 5)が0と等しい」が当てはまる。

練習10

問題➡ P.18

解答　(1)ウ　iを3からnまで2ずつ増やす　(2)カ　flgが1と等しい

<考え方>

2以外の素数は全て奇数であるため、一つ目の素数2を出力後、3以上の奇数のみを対象に、3からその奇数−1までの範囲の奇数で割ったときの余りを求める。範囲内の全ての奇数に対する余りを求め終えるか、又は余りが0となったら、繰返しを終了する。

繰返しが終了した時点で変数flgが初期値の1のままであれば、範囲内の全ての奇数では割り切れなかったことを示し、iは素数と判定できる。一方、変数flgが0に変わっていたら、範囲内のいずれかの奇数で割り切れたことを示し、iは素数ではないと判定できる。

素数でない奇数αは、3からα—1の範囲の奇数を約数にもつ。例えば、9が素数かどうかの判断は以下のように考える。

・9が3、5、7のいずれかで割り切れるかどうかを調べる。この中に一個でも約数があれば、つまり9を割り切る値があれば、9は素数ではない。

　➡9は3で割り切れるため、素数ではない。

(1)　最小の素数2は直前で出力済みなので、素数か否かを判定される数を示す変数iが、それ以降のn以下の奇数の値をとる、すなわち、3からnまで2ずつ増加していくようにする。

(2)　変数iの値が素数でなかった場合には、内ループ内で変数flgに0が設定され、内ループが終了する。一方、変数iの値が素数であった場合には、内ループ終了時点の変数flgの値は1のままとなる。

　この条件式が真の場合にiを出力しているため、iが素数であったときに真となる「flgが1と等しい」が当てはまる。

練習11

問題➡ P.19

解答　(1)イ　x2　(2)エ　x1 + i × delta

<考え方>

$y=f(x)=x^2$、x軸、直線$x=x_1$、及び直線$x=x_2$で囲まれる領域の面積sを、問題で与えられた数式を用いて計算する。この方法は「台形則」と呼ばれる、数値積分の解法の一つである。

この種のプログラムでは、数式とプログラムとを対応付けることで、数式自体が理解できなくても解答が可能である。

(1)　面積sを求める際、範囲の両端における関数値の和「$f(x_1)+f(x_2)$」は、nの値によらず常に同じであるため、nの値ごとにその都度計算するのではなく、あらかじめ計算し、変数uに格納しておく。

(2)　この処理を含む繰返し処理は、

$$\sum_{i=1}^{n-1} f(x_1+i\times\delta)$$

の部分の結果を変数tに求める処理である。

$\sum_{i=1}^{n-1}$ は、iを1から$n-1$まで1ずつ変えながら、後ろに記述されたものの合計を求める計算を示す記号であり、本問では

$$f(x_1+1\times\delta)+f(x_1+2\times\delta)+\cdots+f(x_1+(n-1)\times\delta)$$

となり、プログラムでは

```
t ← 0.0
for (iを1からn − 1まで1ずつ増やす)
  t ← t + f (   (2)   )
endfor
```

の部分が該当する。

したがって、空欄には「x1 + i × delta」が当てはまる。

問題➡ P.20

解答 (1)ア m ← m + 1 (2)エ 4.0 × m ÷ n

<考え方>
合計n回の繰返し処理内で0以上1未満の範囲の値を取る乱数を二つ発生させ、これらをx座標、y座標とみなす。そして、$x^2+y^2<1$が成り立つときに変数mに1を加算する。nの値が十分大きいとき、繰返しが終了した時点でのm／nの値は、問題文の図の網掛け部分の面積π／4の近似値となり、これを4倍することで円周率πの近似値を求める。

(1) 「x × x + y × y <1」を満たす場合、変数xとyが示す座標は1／4円の内部となるので、その個数を示す変数mに1を加算する。

(2) 円周率πの近似値を計算する。×と÷の優先順位は等しいので、計算を「m ÷ n × 4.0」で行うと、「m ÷ n」が最初に実行される。ここで、m、nはいずれも整数型であり、かつm<nが成り立つため、「m ÷ n」は必ず0となり、その結果、πの近似値を正しく求めることができない。

一方、計算を「4.0 × m ÷ n」で行うと、最初に実行される「4.0 × m」の計算において、実数型の定数4.0に合わせて整数型の変数mの内容が実数値に変換され、実数値として結果が求まる。続く「÷ n」の計算の際にも、同様にnの内容が実数値に変換されて計算されるため、πの近似値を正しく求めることができる。

問題➡ P.21

解答 (1)イ (x + y) × 0.5 (2)オ fn ÷ x

<考え方>
変数x、及びyの値をそれぞれ初期値から始め、(x − y)<dとなるまで、問題文で指定された方法で更新していくことで、$\sqrt{n}$の近似値を求める。

(1) xの値を「xとyの平均値」、すなわち「(x + y) × 0.5」で更新する。

(2) yの値を「n ÷ x」に相当する「fn ÷ x」で更新する。

練習 14

問題➡ P.22

解答 ⑴エ　j ← j + 1　⑵イ　i ← i + 1

<考え方>
繰返し処理内での繰返し処理、いわゆる「二重ループ」により、被乗数 i と乗数 j をそれぞれ1から9まで変化させることで九九の表を作成する。
二重ループでは、変数 i の一つの値につき、変数 j の値が1から9まで変化する。例えば、変数 i が1のとき「1の段」が、変数 i が9のとき「9の段」が、それぞれ求まる。

⑴　1で初期化した変数 j を用い、j ＜10が成り立つ間、すなわち j ＞9が成り立つまで処理を継続するためには、繰返しの内部で、乗数を表す j の値を1ずつ増やす必要がある。
⑵　⑴と同様に、i ＞9が成り立つまで、被乗数を表す i の値を1ずつ増やす。

練習 15

問題➡ P.23

解答 ⑴ウ　fact(n − 1)

<考え方>
整数nの階乗を再帰によって求める。
負でない整数nの階乗$n!$は、

$n!=n\times(n-1)\times(n-2)\times\cdots\times2\times1$
$=n\times(n-1)!$
ただし、$0!=1$

と定義されるため、$n!$を求める際には$(n-1)!$が、$(n-1)!$を求める際には$(n-2)!$が、…、2!を求める際には1!が、それぞれ必要になる。そこで、下図のようなイメージで、$n\leqq1$となるまで$n-1$を引数として再帰呼出し、つまり自分自身を呼び出し続け、$n\leqq1$となった時点で1を返すことにより1!が求まり、これを返すことで2!が求まり、これを返すことで3!が求まり、…、$(n-1)!$を返すことでn!が求まることになる。

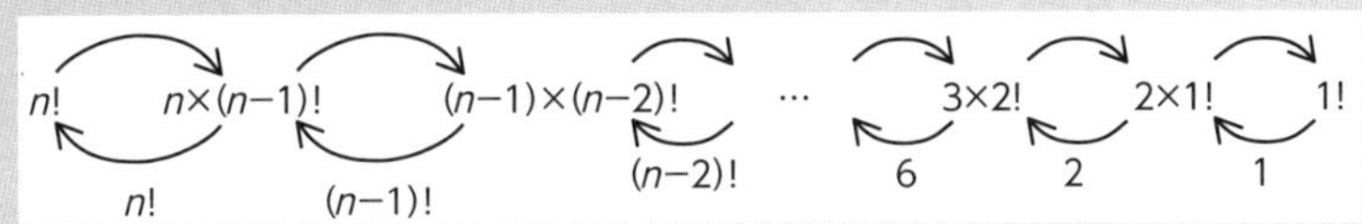

⑴　関数factはnの階乗の結果を返すので、
　$n!=n\times(n-1)!$
のプログラムでの表現は、!をfact( )で置き換えた
　fact(n)=n×fact(n − 1)
となり、空欄には「fact(n − 1)」が当てはまる。

練習16

問題→P.24

解答 (1)ア　gcd2(m, n)　(2)イ　gcd2(n, m)
(3)カ　gcd2(b, t)

<考え方>
関数gcd1は、受け取った二つの引数mとnのうちの大きい方を第1引数、小さい方を第2引数として関数gcd2を呼び出し、求まった結果(最大公約数)を呼出し元に返す。
関数gcd2は、引数a(大きい方)とb(小さい方)を用いて、a÷bの余りが0になるまで、
　a ← b
　b ← (a÷b)の余り
を実行して、a÷bの余りが0になったら、呼出し元の関数gcd1にb(最大公約数)を返す。
変数a、及びbの値の更新は、代入処理によって行うのではなく、再帰呼出しの際の引数に「←」の右辺を指定することで行う。

(1)、(2)
　いずれも、最大公約数を求めるための関数gcd2の呼出しである。関数gcd2では、引数a、bに受け取ったを値を用い、a÷bの余りを変数tに求めている。したがって、引数a、bに対応する呼出し側の引数(実引数)は、(mとnのうちの大きい方、mとnのうちの小さい方)の順序で指定する必要がある。

(3)　a(大きい方)÷b(小さい方)の余りtが0ではない場合には、「aをbに、bをa÷bの余りに、それぞれ置き換える」を実行後、改めてa÷bの余りを求める必要がある。そのためには、実引数を(b, t)として、関数gcd2を再帰的に呼び出せばよい。

練習17

問題→P.25

解答 (1)イ　sqrt(n)がint(sqrt(n))　(2)カ　t ← x × x

<考え方>
問題文に記載されている関数を用い、$\sqrt{n}$は「sqrt(n)」で、$\sqrt{n}$の整数部は「int(sqrt(n))」で、rと$1+\sqrt{n-x^2}$の小さい方は「min(r, 1+sqrt(n−x × x)」で、それぞれ求めることができる。
$\sqrt{n}$が整数のとき、sqrt(n)は、これの整数部int(sqrt(n))と一致するため、「sqrt(n)=int(sqrt(n))」が成り立つか否かで、$\sqrt{n}$が整数かどうかが判別できる。

(1)　この条件式が真の場合、呼出し元に1を返す。これは$\sqrt{n}$が整数のときに該当するので、空欄には「sqrt(n)がint(sqrt(n))」が当てはまる。

(2)　この空欄を含むブロックは、問題文の(3)に該当する部分である。このブロック内にある「if(tがnより大きい)」や、「r ← min(r, 1 + sqrt(n − t))」から、変数tには「x^2」が求まっている必要があるので、空欄には「t ← x × x」が当てはまる。

問題➡ P.26

解答 (1)ア x ← x − y (2)サ y ← x ÷ y

<考え方>
二つの変数の値を交換する際、通常は作業用の変数を用いるが、本問では、二つの変数のみで値の交換を行う。
以下では、変数x、yの元々の値をx_0、y_0、変化後の値をx_1、y_1とする。
プログラムswap1における2番目の処理までで、

$x_1 \leftarrow x_0 + y_0$
$y_1 \leftarrow x_1 - y_0 = x_0 + y_0 - y_0 = x_0$

となり、yにxの元々の値が入る。
したがって、3番目に実行する空欄(1)は、xにy_0を格納する「$x \leftarrow y_0$」に相当する処理となる。これを「$x_1 = x_0 + y_0$」と「$y_1 = x_0$」によって実行するためには、

$x \leftarrow x_0 + y_0 - x_0$

つまり

$x \leftarrow x_1 - y_1$

を行えばよい。
プログラムswap2における最初の処理で、

$x_1 \leftarrow x_0 \times y_0$

となる。
3番目に行うのはxへの格納であるため、空欄(2)では、yにxの元々の値を格納する

$y_1 \leftarrow x_0$

に相当する処理となり、これは

$y_1 \leftarrow x_0 \times y_0 \div y_0$

つまり、

$y_1 \leftarrow x_1 \div y_0$

を実行すればよい。すると3番目の処理は、

$x \leftarrow x_1 \div y_1 = x_0 \times y_0 \div x_0 = y_0$

となり、xにyの元々の値を格納することができる。

(1) xにyの元々の値を格納する「$x \leftarrow x_1 - y_1$」は、プログラムにおいては「x ← x − y」となる。
(2) yにxの元々の値を格納する「$y_1 \leftarrow x_1 \div y_0$」は、プログラムにおいては「y ← x ÷ y」となる。

解答・解説

練習 19

問題➡P.27

解答　(1)ウ　f1 ← f2　(2)イ　f2 ← f

<考え方>

nの値とf_nの値は、次のように対応する。つまり、n≧3の場合のf_nの値は、一つ手前の値と二つ手前の値を加算することで求まる。

nの値	1	2	3	4	5	6	7	8	9	10
f_nの値	1	1	2	3	5	8	13	21	34	55

n≦2の場合には呼出し元に直接1を返せばよいが、n≧3の場合には、三つの変数f1、f2、及びfを使い、f1=f2=1から始め、

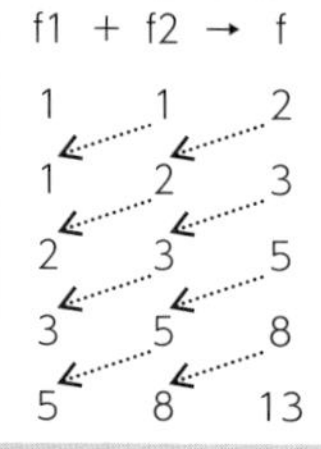

のように、その時点の変数f2の値を変数f1に、変数fの値を変数f2に、それぞれ移しながら、順次計算していけばよい。これは、f2が一つ手前、f1が二つ手前のときのイメージである。

(1)　fの計算に用いた「一つ手前の値」は、次にfを求める際には「二つ手前の値」になるため、「f1 ← f2」を実行してf2の値をf1に移す。なお、f1を一つ手前、f2を二つ手前と解釈すると「f2 ← f1」の処理が必要となるが、これは選択肢の中にはないので、その解釈は誤りである。

(2)　今回求めたfの値は、次回のfの計算では「一つ手前の値」になるため、「f2 ← f」を実行して、fの値をf2に移す。

練習20

問題➡P.28

解答
(1)ア　jがiより小さい　(2)カ　j ← j＋1
(3)エ　i ← i＋1

<考え方>
プログラムでは、変数 i が行を示し、j が行内の桁位置を示している。すなわち、次のようなイメージとなる。

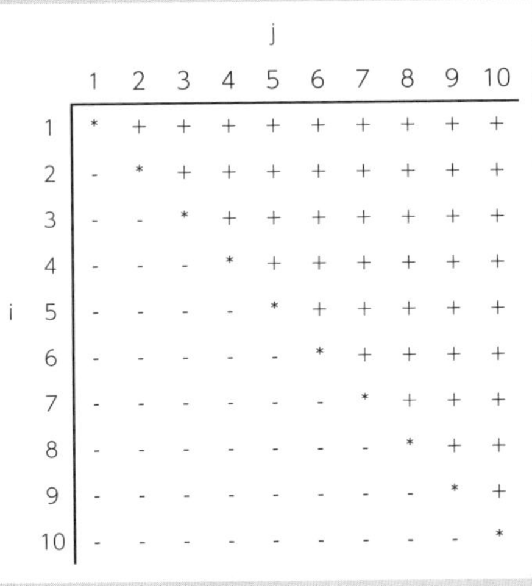

i ＼ j	1	2	3	4	5	6	7	8	9	10
1	*	+	+	+	+	+	+	+	+	+
2	-	*	+	+	+	+	+	+	+	+
3	-	-	*	+	+	+	+	+	+	+
4	-	-	-	*	+	+	+	+	+	+
5	-	-	-	-	*	+	+	+	+	+
6	-	-	-	-	-	*	+	+	+	+
7	-	-	-	-	-	-	*	+	+	+
8	-	-	-	-	-	-	-	*	+	+
9	-	-	-	-	-	-	-	-	*	+
10	-	-	-	-	-	-	-	-	-	*

3種類の文字"-"、"*"、及び"+"を表示する部分に置ける i と j の値の関係は、次のようになる。
・i ＞ j のとき➡"-"を表示
・i ＝ j のとき➡"*"を表示
・i ＜ j のとき➡"+"を表示

(1)　i 行目に対する桁位置を制御する繰返しの継続条件である。上記のように、"-"を表示するのは1桁目～i －1桁目の範囲であるので、「j が i より小さい」が成り立つ間"-"を表示すればよい。
(2)　直前の繰返し処理が終了した時点で j＝i が成り立っているため"*"を表示し、続いて"+"を表示するが、その範囲は i＜j≦10であるため、j に1を加えることで、"+"が"*"の次の桁以降に表示されるようにする。
(3)　i 行目の表示が完了したら改行を実行し、次の i ＋1行目を表示するために、行を制御する変数 i に1を加える。

2 配列

問題➡ P.34

解答 (1)ア i　(2)キ n ← n ÷ 2

<考え方>
例えば、10進数157を8桁の2進数10011101に変換して、下位桁から順に配列nishin[1]～nishin[8]に格納する際の処理イメージは、次のようになる。

被除数		除数		商	剰余		
157	÷	2	=	78	1	➡	nishin[1]へ格納
78	÷	2	=	39	0	➡	nishin[2]へ格納
39	÷	2	=	19	1	➡	nishin[3]へ格納
19	÷	2	=	9	1	➡	nishin[4]へ格納
9	÷	2	=	4	1	➡	nishin[5]へ格納
4	÷	2	=	2	0	➡	nishin[6]へ格納
2	÷	2	=	1	0	➡	nishin[7]へ格納
1	÷	2	=	0	1	➡	nishin[8]へ格納

(1)　剰余関数modを用いて求めた剰余は、求めた順にnishin[1]、nishin[2]、…、nishin[8]に格納する。したがって、1から8まで1ずつ変化するｉをそのまま添字に用いればよい。
(2)　剰余は剰余関数modによって直接求めるため、上記のような除算は行っていない。次回の計算では、今回の除算の商が変数nに格納されていなければならないので、n÷2の除算を実行し、その商をnに格納しておく。

問題➡ P.34

解答 (1)エ 9－i　(2)キ n ← n ÷ 2

<考え方>
設問の内容は前問と同じだが、変換結果の格納の仕方が前問とは逆になる。つまり、最初に求まる剰余をnishin[8]に格納し、最後に求まる剰余をnishin[1]に格納する。

(1)　剰余関数modを用いて求めた剰余を、nishin[8]、nishin[7]、…、nishin[1]に格納するためには、1から8まで1ずつ変化するｉに対し、9－ｉを添字とすればよい。
(2)　剰余は剰余関数modによって直接求めるため、上記のような除算は行っていない。次回の計算では、今回の除算の商が変数nに格納されていなければならないので、n÷2の除算を実行し、その商をnに格納しておく。

練習23

問題→P.35

解答　(1)ウ　a[i＋1]←a[i]　(2)エ　a[i]←a[i＋1]

<考え方>
配列要素を一つ後ろ、又は一つ前にずらす処理は、ずらす順序を誤ると、要素の上書きが起こり、配列内容を壊してしまう。
配列の要素番号m～nの値をそれぞれ一つ後ろにずらす処理は、後ろから前に向かって行う必要がある。

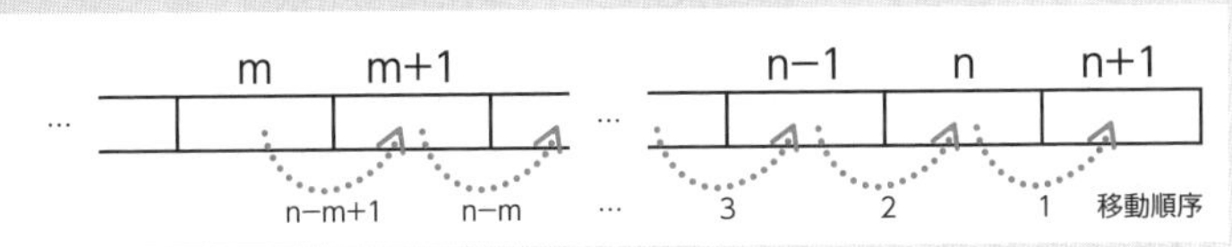

一方、配列の要素番号m～nの値をそれぞれ一つ前にずらす処理は、前から後ろに向かって行う必要がある。

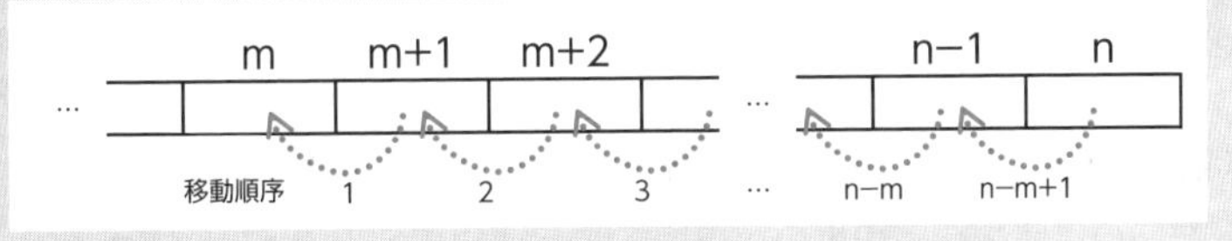

(1)　最初の移動が「a[n + 1] ← a[n]」、最後の移動が「a[m + 1] ← a[m]」であり、変数iはnからmまで変化するので、「a[i + 1] ← a[i]」とすればよいことが分かる。
(2)　最初の移動が「a[m] ← a[m + 1]」、最後の移動が「a[n − 1] ← a[n]」であり、変数iはmからn−1まで変化するので、「a[i] ← a[i + 1]」とすればよいことが分かる。

練習24

問題→P.36

解答　(1)ウ　a[j－1]←a[j]　(2)カ　a[n]←t

<考え方>
配列要素のローテート（巡回シフト）は、配列内容を前方、又は後方に指定要素数分ずらす際、端からはみ出す要素が反対側の端から挿入される処理である。
本問では左方向にローテートするため、端からはみ出す要素はその時点の先頭要素a[1]であり、1回のローテートごとにa[1]を退避しておき、a[2]からa[n]を順次一つ前にずらした後、退避しておいた要素をa[n]に挿入、という処理をm回繰り返す。

(1)　空欄(1)を含む内ループでは、a[2]からa[n]を順次一つ前にずらす処理を行う。つまり、
　　a[1]←a[2]、a[2]←a[3]、a[3]←a[4]、…、a[n-1]←a[n]
のような代入処理をこの順番で行う。これは、2からnまで1ずつ変化するjを用いて
　　a[j-1]←a[j]と表すことができる。
(2)　要素a[2]～a[n]のそれぞれを1要素分左側にずらした後、変数tに退避しておいた元のa[1]を、空きとなった右端の要素a[n]に格納することで、1回分のローテートが完了する。

練習25

問題➡ P.37

解答 (1)ウ　a[sp] ← x
sp ← sp + 1
(2)オ　sp ← sp − 1
return a[sp]

<考え方>
配列を用いてスタックに対する二つの操作(pushとpop)をシミュレートする際、スタックの先頭を示す「スタックポインタ」の働きをする変数の初期値に注意する必要がある。本問ではspがそのための変数であり、その初期は0であるが、初期値が-1のこともあり得る。

(1)　スタックポインタを示す変数spの初期値が0であるので、最初のデータがa[0]に格納されるようにするためには、a[sp]に格納後にspに1を加える必要がある。

(2)　変数spは、配列内の末尾のデータの次の位置を指している。つまり、a[sp]にはデータが格納されていない。そのため、取り出す際には、まずspから1を引いて末尾データに位置づけ、その位置のデータを返す必要がある。

練習26

問題➡ P.38

解答 (1)エ　b[j] ← b[j] + 1　(2)イ　b[i] ← b[i] + 1

<考え方>
配列aの要素に対して降順に順位付けするために、本問では「順位の初期値を1位として、要素の大小を比較し、小さい方の順位を下げる」という方法を用いているが、「順位の初期値を最下位(要素数)として、要素の大小を比較し、大きい方の順位を上げる」という方法もある。ただし、この方法では、等しかった場合には双方の順位を上げる必要がある。

(1)　「a[i] ＞ a[j]」が成り立つ場合、順位b[j]に1を加えることにより、要素番号 j の値の順位を一つ下げる。

(2)　「a[i] ＜ a[j]」が成り立つ場合、順位b[i]に1を加えることにより、要素番号 i の値の順位を一つ下げる。

練習27

問題➡ P.39

解答 (1)ウ　y × x + a[i]

<考え方>
n次多項式の値を、問題文で指定された方法に従って計算する。各項の係数の値は配列aに格納されているものを利用する。
a_nに相当するa[n]が変数yの初期値に設定され、変数 i には初期値n−1が設定される。したがって、1回目に1番内側のカッコ内を計算するためには、「y × x ＋ a[i]」という計算を行い、その結果をyに格納すればよい。これを i を0まで1ずつ減らしながら繰り返すことで、

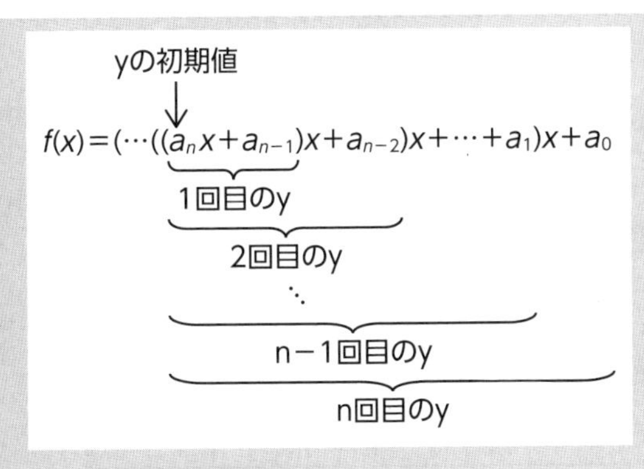

のように、内側のカッコ内から順に、結果がyに求まっていく。

(1) 上記のように、1回目に1番内側のカッコ内「$a_n x+a_{n-1}$」が求まるように考えると、「y × x ＋ a[i]」が解答であることが分かる。

問題➡ P.40

解答
(1)キ a[j]がiと等しい (2)オ a[j] ← a[i]
(3)イ a[i] ← t

<考え方>
例えば、次の配列aでiが0のとき、jを0から9まで変化させて、a[j]にiの値と等しい0が格納されている位置を探す。

i

	0	1	2	3	4	5	6	7	8	9
a	2	-1	6	1	9	3	0	-1	4	-1

すると、jが6のときa[6]=iとなるので、a[6]とa[0]を交換することで、a[0]に0が入る。

i（0）　j（6）

	0	1	2	3	4	5	6	7	8	9
a	0	-1	6	1	9	3	2	-1	4	-1

同様の操作をn−1までのiについて行うことで、存在する全ての値に対して、配列の添字iの位置にiが格納される。

(1) この条件式が真と判定されると、三つの処理を実行後、break文によって内ループが終了し、iが次の値に変わる。これは、問題文の(3)に該当する処理であり、条件式には、「配列の要素番号jの要素がiと等しい」に相当する「a[j]がiと等しい」が当てはまる。

(2)、(3)

空欄(1)の条件式が真と判定された場合に実行される三つの処理は、「要素番号jの要素と要素番号iの要素の交換」である。

始めに変数tにa[j]を退避しているので、次に実行するのは、a[j]にa[i]を転記する「a[j] ← a[i]」、そして、a[i]にtを転記する「a[i] ← t」を実行することで、a[i]とa[j]が交換される。

練習29

問題➡P.41

解答　(1)ア　x[a[i]] ← x[a[i]] + 1

<考え方>
例えば、配列aに次のような7個の値が格納されている場合、

	1	2	3	4	5	6	7
a	7	4	1	7	2	1	1

配列xには次の値が求まる。

	1	2	3	4	5	6	7	8	…	100
x	3	1	0	1	0	0	2	0	…	0

これは、配列xを0で初期化しておき、配列aの要素を先頭から順に見て、ある値、例えば7が出現したらx[7]に1を加算、4が出現したらx[4]に1を加算、というように、配列aの要素を配列xの要素番号(添字)とみなし、その要素に1を加える、という操作を行うことで実現できる。

(1)　上記のように、a[i]を配列xの要素番号とみなし、その要素に1を加算することで、その要素番号に等しい値の度数(個数)を求めることができる。

練習30

問題➡P.42

解答　(1)ア　count

<考え方>
配列要素が

0	1	2	3	4	5
0	8	5	0	0	-5

のとき、問題文の手順に従うと、配列要素が次のように変化する(■はcountが示す位置)。

0	1	2	3	4	5	
8	8	5	0	0	-5	8を0番目に入れ、countに1を加算

0	**1**	2	3	4	5	
8	5	5	0	0	-5	5を1番目に入れ、countに1を加算

0	1	**2**	3	4	5	
8	5	-5	0	0	-5	-5を2番目に入れ、countに1を加算

その結果、countの値は最後の非0要素の次の位置に移動するので、そこから末尾までを0に置き換える。

0	1	2	3	4	5
8	5	-5	0	0	0

(1)　最後の非0要素をa[count]に格納後にcountに1が加算され、countは最後の非0要素の次の位置を示している。したがって、a[count]からa[n − 1]を0に変えればよい。

練習31

問題➡ P.43

解答　(1)ア　j ← h　　(2)エ　j ← j − 1
(3)ウ　j ← h + 1　　(4)オ　j ← j + 1

<考え方>
配列aの要素数nが10で、

	1	2	3	4	5	6	7	8	9	10
a	4	5	3	6	7	1	0	7	6	6

のとき、これを配列bに複写してbを昇順に整列すると、bは次のようになる。

	1	2	3	4	5	6	7	8	9	10
b	0	1	3	4	5	6	6	6	7	7

n=10のとき、h=n−(n÷2)=5であり、まず、b[5]～b[1]をaの奇数(1、3、…)番目に格納する。

	1	2	3	4	5	6	7	8	9	10
a	5		4		3		1		0	

次に、b[6]～b[10]をaの偶数(2、4、…)番目に格納する(■が偶数番目の要素)。

	1	2	3	4	5	6	7	8	9	10
a	5	6	4	6	3	6	1	7	0	7

その結果、奇数番目の要素はそれより手前の全ての要素以下、偶数番目の要素はそれより手前の全ての要素以上となる。

(1)　aの奇数番目には、bの要素番号hの要素から順に取り出すので、変数 j に初期値hを設定する。
(2)　aの奇数番目に格納するbの要素は、要素番号の小さい方に向かう順に取り出すので、要素を一つaに格納する都度、j から1を引く。
(3)　aの偶数番目には、bの要素番号h+1の要素から順に取り出すので、変数 j に初期値h+1を設定する。
(4)　aの偶数番目に格納するbの要素は、要素番号の大きい方に向かう順に取り出すので、要素を一つaに格納する都度、j に1を足す。

練習32

解答　(1)ア　(a[l] + a[r])がxと等しくない　　(2)オ　lがrより小さい

<考え方>
配列aを昇順に整列後、変数 l とrをそれぞれ配列aの先頭、及び末尾に位置付ける。そして、l<rが成り立つ間、a[l]+a[r]とxとの大小を比較し、
　①a[l]+a[r]=xのとき
　　➡ 二つの要素を発見したので、比較を終了

②a[l]+a[r]>xのとき

➡ a[l]+a[r]がより小さな値になるように、rを一つ手前の位置に移動して、比較を継続

③a[l]+a[r]<xのとき

➡ a[l]+a[r]がより大きな値になるように、lを一つ後ろの位置に移動して、比較を継続

繰返しが終了した時点で l <rが成り立つならば、繰返しが終了したのはa[l]+a[r]=xとなったためであることになり、"あり"と表示する。

(1)　繰返しは「 l <r」かつ「a[l]+a[r]≠x」が成り立つ間継続するので、「a[l]+a[r]≠x」に相当する「(a[l] + a[r])がxと等しくない」が当てはまる。

(2)　繰返しは「 l ≧r」又は「a[l]+a[r]=x」が成り立った時点で終了するので、繰返しが終了した時点で「 l <r」が成り立つならば、「a[l]+a[r]=x」となって繰返しが終了した、つまり二つの要素が存在したことになり、"あり"と表示する。

練習33

問題➡P.45

解答　(1)ア　and　　(2)カ　j ← j + 1
(3)エ　i ← i + 1

<考え方>

配列a、bとも昇順に整列されているので、それぞれの先頭から順に、どちらか一方の要素がなくなるまで要素を比較していき、比較の結果に応じて、それぞれ次の処理を行う。

・a[i]>b[j]のとき

➡ bについて、次に大きな要素で比較するために、添字 j を一つ先に進める。

・a[i]<b[j]のとき

➡ aについて、次に大きな要素で比較するために、添字 i を一つ先に進める。

・a[i]=b[j]のとき

➡ 共通に格納されている要素を見つけたので、配列cに格納する。

(1)　上記の比較は、配列a又は配列bの全要素を比較し終えた時点、つまり添字が末尾の位置を越えた「 i >na 又は j >nb」となった時点で終了する。逆に言えば、両方の配列に未比較の要素が存在する「 i ≦naかつ j ≦nb」が成り立つ間は継続する必要がある。

(2)、(3)

a[i]とb[j]を比較し、小さい方について、次に大きな値が格納されている位置に添字を進める。

練習34

問題➡P.46

解答　(1)オ　b[j , i] ← a[i , j]

<考え方>

配列aの1行目、2行目、…、n行目が、配列bの1列目、2列目、…、n列目になる、つまり、配列aとbでは行と列が逆になるので、要素a[i , j]を要素b[j , i]に格納する。

(1)　配列aとbとでは添字の順序が逆になる。変数 i が1からnまで、変数 j が1からmまで変化するので、 i がaの行番号及びbの列番号、 j がaの列番号及びbの行番号を表すことになり、b[j, i]にa[i, j]を格納すればよい。

練習35

問題➡ P.47

解答 (1)エ　j ÷ i

<考え方>
1を格納するのは行番号 i と列番号 j が等しい位置であり、それ以外の位置、つまり、i > j 又は i < j が成り立つ位置には0を格納する。
(i ÷ j) × (j ÷ i)の計算結果は i = j が成り立つときに限り1となるが、i > j 又は i < j が成り立つときには、i ÷ j と j ÷ i のどちらか一方の除数が被除数よりも大きいため、その結果が必ず0になる。

(1)　上記のとおり、a[i , j]に対し(i ÷ j)×(j ÷ i)の結果を格納することにより、対角要素(i = j が成り立つ要素)のみが1で、それ以外の要素が0の状態にすることができる。

練習36

問題➡ P.48

解答 (1)ウ　kが i より大きい　　(2)カ　x[i − 1, k − 1] + x[i − 1, k]

<考え方>
二次元配列xの行番号 i を0からnまで1ずつ変えながら、列番号kを0からnまで1ずつ変え、
・k=0又はk= i
・0<k< i
・k> i
のいずれが成り立つかを判定し、それぞれ指定の値を格納する。
　0<k< i のときに格納する
　　$f(n-1,k-1)+f(n-1,k)$
は、二次元配列では、「一つ前の行の一つ前の列の値」+「一つ前の行の同じ列の値」、つまり「左上の値」+「真上の値」に相当する。
例えば、4行目のx[4, 1]~x[4, 3]は、3行目の値を使って
　　x[4, 1] ← x[3, 0] + x[3, 1]
　　x[4, 2] ← x[3, 1] + x[3, 2]
　　x[4, 3] ← x[3, 2] + x[3, 3]
と求める。

n＼k	0	1	2	3	4	5	6	7	8	9	10
3	1	+3	+3	+1	0	0	0	0	0	0	0
4	1	4	6	4	1	0	0	0	0	0	0

(1)　真と判定された場合、x[i , k]に0が格納される。これは、$k>n$が成り立つ場合の処理であるが、プログラムでは、その時点の行番号は変数 i が示すので、「kがnより大きい」ではなく、「kが i より大きい」が該当する。
(2)　k=0が成り立たず、かつk= i も成り立たない場合、定義式に基づき、一つ前の行(i -1行)の二つの値により、x[i , j]の値を計算する。

練習37

問題➡P.49

解答 (1)エ　a[i, n + 1] ← 0　　(2)ク　a[i, n + 1]

<考え方>
二重ループによって二次元配列の要素を走査しながら、それぞれの要素をn+1列、及びm+1行に足し込んでいく。
1行分の合計がa[i, n + 1]に求まった後、それをa[m + 1, n + 1]に加える処理を最終行まで行うと、全体の合計がa[m + 1, n + 1]に求まる。

(1)　i行目の中で変数 j を変化させて行ごとの合計を求める処理に先立ち、n+1列目を0で初期化するための処理である。この処理を行わない場合、a[i, n + 1]の初期値が未定義となり、行ごとの合計が正しく求まらなくなる。

(2)　内ループが終了すると、i行目の合計がa[i, n + 1]に確定する。したがって、その値をあらかじめ0で初期化しておいたa[m + 1, n + 1]に順次加算していくことで、外ループが終了した時点で、全体の合計がa[m + 1, n + 1]に求まる。

解答 (1)イ　i − 2　　(2)エ　j − 1
(3)ウ　i ← 1　　(4)カ　j ← 1

<考え方>
最下段の中央の位置に1を格納することから始め、右下の位置に移動しながら、2、3、…、n^2を格納していく。なお、nは奇数であるため、中央の位置をn÷2で求めると端数の0.5が切り捨てられ、中央の位置を正しく求めることができない。そのため、中央の位置は「n÷2+1」で求める。
右下の位置に移動した際に最終行や最終列からはみ出した場合や、右下隅から、あるいは既に値が格納済みの位置に来たときには、それぞれ指定された位置に移動して、そこから続ける。

(1)、(2)

　これらを実行するのは、右下に移動するために変数 i と j に1を加えた結果、①「i＞nかつ j＞n」となった、あるいは②「a[i, j]≠0」となった場合である。①は「最後に値を格納したのが右下隅であった」ことを示し、②は「既に値が格納済みの位置に来た」ことを示す。これらの場合には「最後に値を格納した位置の上に移動」するが、i と j には1が加えられ、最後に値を格納した位置の右下の位置を示しているので、それぞれ1を引くことで最後に値を格納した位置に戻し、i については更に1を引く、つまり i からは2を引くことで、その一つ上の位置に変える。

(3)　これを実行するための条件「i＞n」は、「下にはみ出した」ことを示す。その場合には「その列の一番上に移動」するので、j の値は変えずに、i を1にする。

(4)　これを実行するための条件「j＞n」は、「右にはみ出した」ことを示す。その場合には「その行の左端に移動」するので、i の値は変えずに、j を1にする。

練習39

問題➡ P.52

解答　(1)ア　1からn ÷ 2まで　(2)オ　n − i + 1

<考え方>
二次元配列の内容の行と列を入れ替えるためには、行番号 i を1からnまで1ずつ変えながら、j を下図の■部分、つまり i +1からnまで1ずつ変え、i 行 j 列の要素と j 行 i 列の要素を入れ替えればよい。

i＼j	1	2	3	4	5
1	1	2	3	4	5
2	6	7	8	9	10
3	11	12	13	14	15
4	16	17	18	19	20
5	21	22	23	24	25

また、二次元配列の行を逆順にするためには、行番号 i を1から全体の半分の行まで1ずつ変えながら、i の値に対して

i	k
1	n
2	n−1
3	n−2
⋮	⋮
n／2	n／2+1

のように対応するkを求め、i 行目の要素とk行目の要素を入れ替えればよい。

(1)　行を逆順にする際、行番号 i は1からn／2まで変化させる。i をnまで変えてしまうと、交換された行が再度交換され、元の位置に戻ってしまう。

(2)　i =1のときk=n、i =2のときk=n−1、…、i =n／2のときk=n／2+1となるようにするためには、kを「n − i + 1」の計算で求める必要がある。

3 探索（サーチ）

練習40

問題➡ P.58

解答　(1)エ　tbl[i]がdataと等しくない

<考え方>
順次探索は、配列などに格納されているデータを、先頭（又は末尾）から一つずつ、探索データと比較していく方法である。探索は、探索データを発見するか、あるいは比較するデータがなくなるまで継続する。

<例1>探索データ=30、n=5の場合

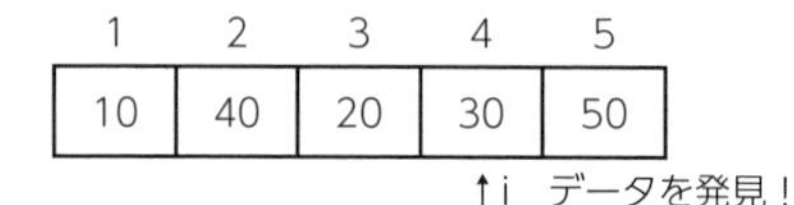

1	2	3	4	5
10	40	20	30	50

↑i　データを発見！

<例2>探索データ=60、n=5の場合

1	2	3	4	5
10	40	20	30	50

↑i　データを発見できず！

(1)　ここを含む条件式の結果が真である間、探索が継続する。探索を継続する必要があるのは、「未探索の要素が残っている」かつ「探索データが発見できていない」ときであり、「 i がn以下」が「未探索の要素が残っている」に該当するので、空欄は「探索データが発見できていない」に該当する「tbl[i]がdataと等しくない」となる。

練習41

問題➡ P.58

解答　(1)イ　i がn以下

<考え方>
実際の探索範囲はtbl[1]～tbl[n]であるが、tbl[n+1]にdataを格納しておくことで、「tbl[i]=data」の状態が必ず起こるため、比較の都度 i <nの判定を行う必要がなくなる。このような、探索データが存在しないときに探索を終了させるために入れておくダミーデータを「番兵」という。
「tbl[i]=data」となって探索が終了した後に、それが実際の探索範囲内で起きたのか、あるいは実際の探索範囲を越えた位置で起きたのかを調べることで、一致データの有無が分かる。

<例1> 探索データがある場合(探索データ=30、n=5)

←―― 実際の探索範囲 ――→ 番兵

1	2	3	4	5	6
10	40	20	30	50	30

↑ データ発見！（4番目）

探索終了時の i は4であり、i ≦5が成り立つため、「一致データあり」と判定。

<例2> 探索データがない場合(探索データ=30、n=5)

←―― 実際の探索範囲 ――→ 番兵

1	2	3	4	5	6
10	40	20	60	50	30

↑ データ発見！（6番目）

探索終了時の i は6であり、i ≦5が成り立たないため、「一致データなし」と判定。

(1)　空欄の条件が真と判定された場合、「"一致データあり"」が表示されるので、空欄の条件は、番兵ではない本来の探索データを発見できたときに真と判定されるものとなり、変数 i の値が番兵の位置よりも前の位置を示しているという条件、つまり「 i がn以下」であることが分かる。

練習 42

問題➡ P.59

解答　(1)ウ　i から2まで1ずつ減らす

<考え方>
本問では、

①探索データを順次探索する。

②探索データが発見できた場合、それより手前の要素を順次一つ後ろに移動して、探索データを配列の先頭に格納する。

の二つの処理を行う。

例えば、tbl[i]で探索データを発見した場合、tbl[1]～tbl[i － 1]が移動対象となる。

この移動処理は、後ろに移動する予定のデータが、移動する前に一つ手前のデータによって上書きされないように、次の図の①→②→ … →(i-1)の順に行う必要がある。

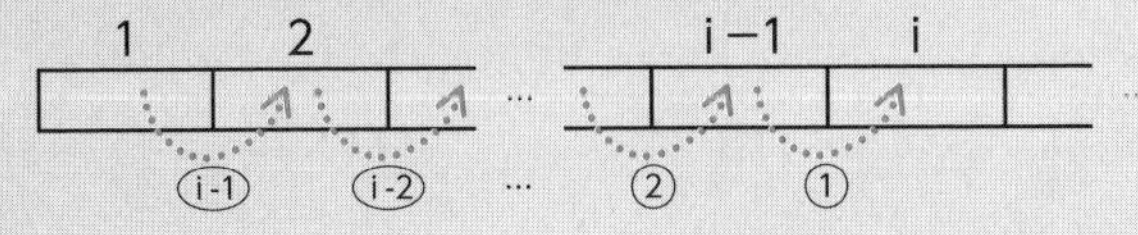

(1)　探索の繰返し処理終了後に「 i がn以下」が成り立つ場合、変数 i が示す位置で探索データを発見したことになる。このとき、

・i －1番目から1番目までを順次一つ後ろに移動

が空欄を含む繰返し処理に該当する。

最初に行うのがtbl[i] ← tbl[i － 1]、最後に行うのがtbl[2]←tbl[1]であることと、実際の代入を「tbl[j] ← tbl[j － 1]」で行っていることから、変数 j を i から2まで1ずつ減らせばよいことが分かる。

練習 43

問題➡ P.60

解答　(1)イ　i－1からi－m＋1まで1ずつ減らす
(2)ウ　i－m＋1からnまで1ずつ増やす

<考え方>
比較回数を減らすために、要素番号1、1+m、1+2m、…のように、mずつ離れた位置の要素と探索データとを比較する。この方法では、探索データと等しい要素を飛び越えて、探索データより大きい値が出現する可能性と、配列の末尾を超える可能性がある。
要素番号ｉに探索データより大きい値が出現したら、その一つ手前の位置から、1回前に比較した位置の直後の位置まで、要素番号の若い方に向かって、一つずつ比較していく。ここで、一つ手前の位置は「ｉ−1」で、1回前に比較した位置の直後の位置は「ｉ−m+1」で、それぞれ表すことができる。
要素番号ｉが配列の末尾を超えた場合には、最後に比較した位置の直後の位置「ｉ−m+1」から末尾「n」まで、一つずつ比較していく。

(1)「tbl[ｉ]がdataより大きい」が成り立つ場合、探索データが存在する可能性があるのは、tbl[ｉ−m+1]〜tbl[ｉ−1]である。

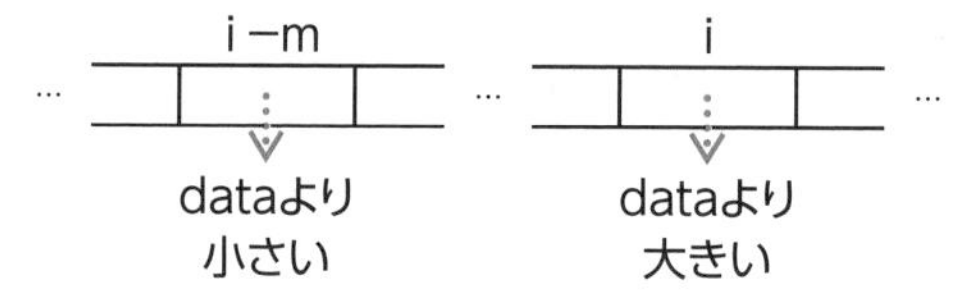

したがって、変数ｊの値をｉ−1からｉ−m+1まで1ずつ減らしながら、tbl[ｊ]とdataとを比較する。

(2) 探索データを発見することなく最初の繰返し処理が終了した場合、変数ｉの値は配列tblの末尾の要素番号nを超えている。繰返し処理においてdataと最後に比較したのは、そこからmだけ手前の位置の要素、すなわちtbl[ｉ−m]である。

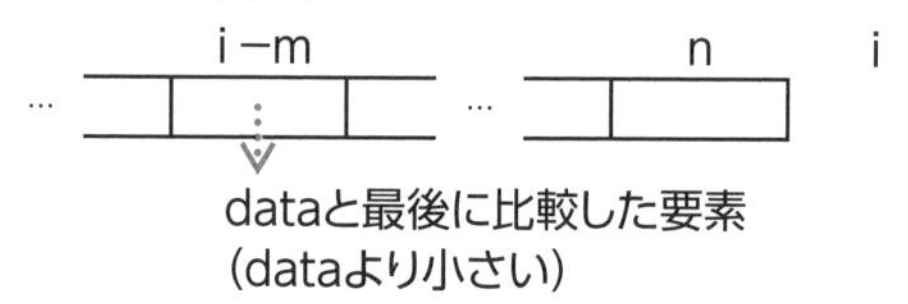

したがって、tbl[ｉ−m+1]〜tbl[n]には、dataと一致する要素が存在する可能性があるため、変数ｊの値をｉ−m+1からnまで1ずつ増やしながら、tbl[ｊ]とdataとを比較する。

練習44

問題➡P.62

解答　(1)イ　hv　(2)ア　lv
(3)ウ　tbl[i]がminより小さい　(4)ク　tbl[i]がmaxより大きい

<考え方>
最小値minや最大値maxを求める場合、minは取り得る最大値以上の値で、maxは取り得る最小値以下の値で初期化しておく。そのようにすることで、比較において、min以下の値、max以上の値が必ず出現し、最小値、最大値を正しく求めることができる。

(1)、(2)

本問の場合、最小値を求める変数minの初期値は変数hvの値、最大値を求める変数maxの初期値は変数lvの値とすることで、データとの比較において、minより小さい、maxより大きい値が出現する都度、その値によってminやmaxが置き換えられる。これらを逆に設定（minにlv、maxにhv）すると、最小値と最大値が固定になってしまうので、注意が必要である。

(3)、(4)

それぞれ、最小値の置換え、最大値の置換えである。

tbl[i]がその時点までの最小値minより小さいときにminをtbl[i]で、その時点までの最大値maxより大きいときにmaxをtbl[i]で、それぞれ置き換えればよい。

練習45

問題➡P.63

解答　(1)ウ　mid + 1　(2)イ　mid − 1

<考え方>
二分探索は、昇順又は降順に整列されたデータを探索範囲とし、その下限と上限、及びそれらのほぼ中央の位置の値を使って、1回の比較で探索範囲を半分にしながら探索を行う方法である。
<例>　探索データがある場合（探索データ=60、n=9）

●1回目（midが示す位置のデータ<探索データ）

low				mid				high
1	2	3	4	5	6	7	8	9
10	20	30	40	50	60	70	80	90

（1〜5）この範囲にはない　➡　mid+1 を low へ設定

●2回目（midが示す位置のデータ>探索データ）

					low	mid		high
1	2	3	4	5	6	7	8	9
10	20	30	40	50	60	70	80	90

（8〜9）この範囲にはない
➡　mid−1 を high へ設定

●3回目（midが示す位置のデータ=探索データ）

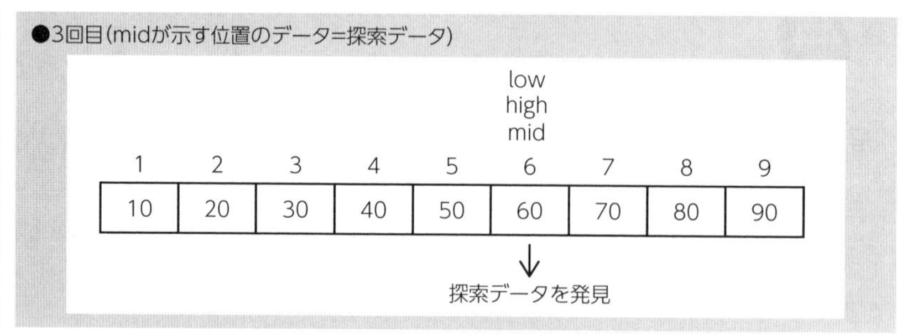

(1) 本問では、配列tblの要素が昇順に整列されているため、「tbl[mid]がdataより小さい」が成り立つ場合には、探索データはtbl[mid]よりも後ろの位置に存在する可能性をもつ。したがって、tbl[low]～tbl[mid]は探索する必要がなくなり、次回はtbl[mid+1]～tbl[high]を探索すればよいため、探索範囲の下限値lowにmid+1を設定する。

(2) 「tbl[mid]がdataより小さい」が成り立たない場合には、探索データはtbl[mid]よりも前の位置に存在する可能性をもつ。したがって、tbl[mid]～tbl[high]は探索する必要がなくなり、次回はtbl[low]～tbl[mid-1]を探索すればよいため、探索範囲の上限値highにmid-1を設定する。

練習 46

問題➡ P.64

解答 (1)カ high − low　(2)ア mid
(3)ア mid

<考え方>
設問の内容は前問題と同じだが、使用する変数の初期値が違う。具体的には、下限low、上限highの初期値が、実際の探索範囲の一つ外側になっており、実際の探索範囲は、tbl[low + 1]〜tbl[high − 1]となる。
このような初期値を用いることの利点は、下限lowや上限highを更新する際の+1や−1が不要になる、つまり「low ← mid」、「high ← mid」とすればよい、ということである。

(1) 探索の継続条件の一部である。探索を継続するのは、「未探索の範囲が残っている」、かつ「探索データが発見できていない」が成り立つ場合であり、「tbl[mid]がdataと等しくない」が「探索データが発見できていない」に相当するので、空欄を含む条件は「未探索の範囲が残っている」を表すものとなる。
探索範囲の下限lowと上限highのそれぞれが、実際の探索範囲の一つ外側を示しているとき、上限highと下限lowの差high-lowが1の場合には、次の図のように、未探索の範囲はない。

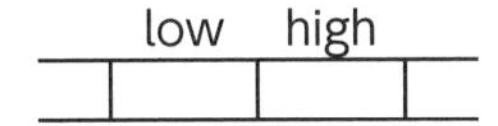

一方、high-lowが2以上の場合には、次の図のように、未探索の範囲が存在する。

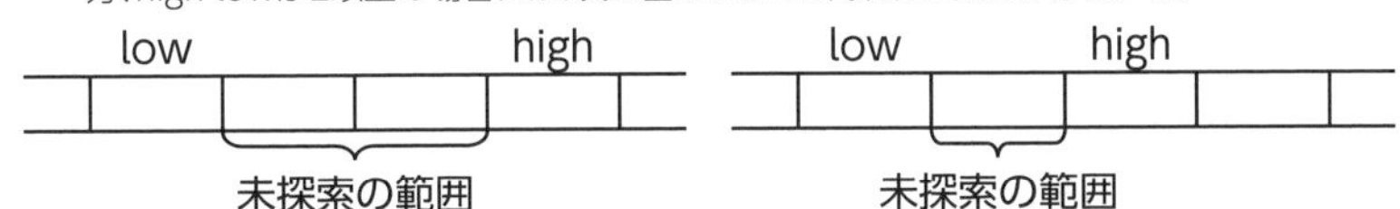

したがって、「未探索の範囲が残っている」か否かは、「high−lowが1より大きい」が成り立つか否かを調べることにより判定できる。

(2) 配列tblの要素は昇順に整列されているので、「tbl[mid]がdataより小さい」が成り立つ場合には、探索データはtbl[mid]よりも後ろの位置に存在する可能性をもつ。したがって、次回の実際の探索範囲がtbl[mid+1]〜tbl[high-1]となるように、探索範囲の下限値lowに実際の下限の一つ外側の(一つ小さい)値midを設定する。

(3) 「tbl[mid]がdataより小さい」が成り立たない場合には、探索データはtbl[mid]よりも前の位置に存在する可能性をもつ。したがって、次回の実際の探索範囲がtbl[low+1]〜tbl[mid-1]となるように、探索範囲の上限値highに実際の上限の一つ外側の(一つ大きい)値midを格納する。

4 リスト

練習47

問題➡ P.68

解答　(1)ウ　cr ← cr.pointer

<考え方>
単方向リストから、mojiと等しい文字を検索する。クラスListTemplateは二つのメンバ変数data、及びpointerをもち、dataが文字、pointerがリストの次の文字を保持する要素の参照、つまりリストで次につながる要素を指し示すポインタである。

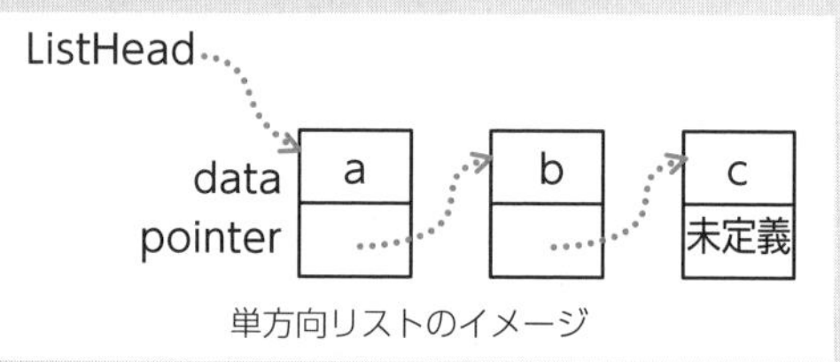

単方向リストのイメージ

単方向リストからの探索は、リスト先頭(ListHead)から始め、探索文字を発見するか、又はリストの末尾に達する(ポインタに"未定義"が設定される)まで、ポインタの値を用いて順次リストをたどりながら行う。

(1)　繰返しの継続条件のうち、「crが未定義でない」は、「まだリスト中の要素」であることを、「cr.dataがmojiと等しくない」は、「探索データが発見できていない」ことを示す。これらを共に満たす場合、探索対象をリストの次の要素へ移動し、探索を継続する必要がある。そのため、現時点で変数crが指示する要素のポインタ部の値をcrに設定する。

練習48

問題➡ P.69

解答　(1)オ　prev.pointer　(2)エ　cr.pointer

<考え方>
単方向リストから、変数mojiに格納された文字と等しい文字を削除する。削除対象の文字がなかった場合は、エラーを表示する。
単方向リストの要素の削除の場合にも、リストへの要素の追加と同様に、比較位置を示す変数(本問ではcr)を使用するが、常にその一つ前の位置を保持する変数(本問ではprev)が別途必要となる。

(1)、(2)
　「cr.dataがmojiと等しい」が成り立つことにより、「削除対象の要素をリスト中で発見した」ことが分かる。更に、「crがListHeadと等しくない」が成り立つことにより、「削除対象の要素がリストの先頭ではない」ことが分かる。このときのイメージは次の図のとおりである(yを削除する場合)。

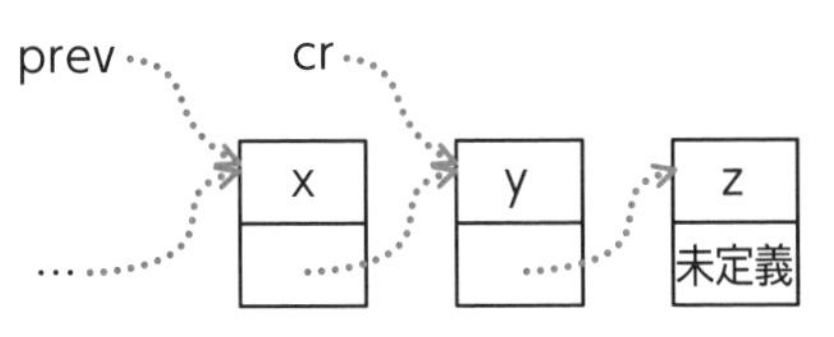

この際に空欄の処理で行うべきことは、上図の状態を次の図の状態に変えることである。

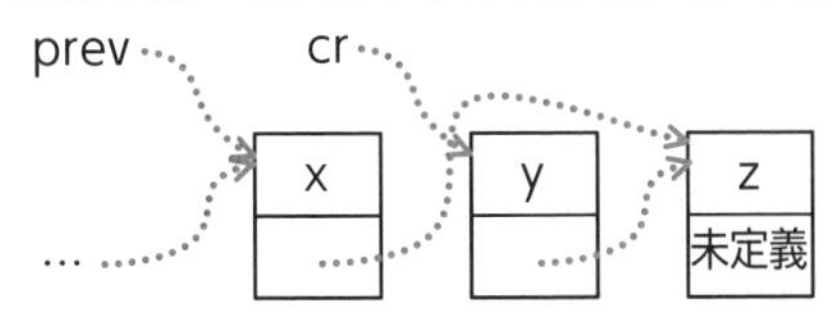

そのためには、「削除対象の要素の直前の要素のポインタが、削除対象の要素の直後の要素を指し示す」ようにする処理、すなわち、「prev.pointer ← cr.pointer」を実行すればよい。

問題➡ P.70

解答 (1)エ ListHead ← tmp　(2)カ prev.pointer ← tmp

<考え方>

単方向リストに対するデータの追加は、比較位置を示すポインタ(本問ではcr)と、常にその一つ前の位置を保持するポインタ(本問ではprev)を使って、次の手順で行う。

①crをリスト先頭に位置付けると共に、prevを未定義にする。

②crが未定義となるか、又はcr.data≧mojiとなるまで、

・prevにcrを退避

・crにcr.pointerを設定

を繰り返す。

③繰返しが終了した時点で、「crが未定義」又は「cr.data≠moji」が成り立つか否かを調べる。これらのどちらかが成り立つ場合、リストには追加する文字がなかったことになる。
ここで、「crが未定義」及び「cr.data≠moji」は、それぞれ次のような場合に相当する。

・crが未定義

➡データはリストの末尾に追加される

例　末尾が"y"のリストに"z"を追加する場合

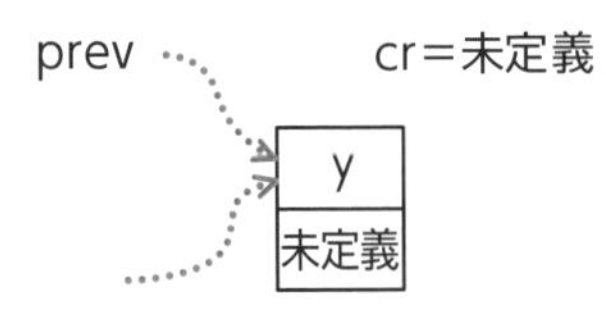

・cr.data≠moji

➡データはリストの途中に追加される

例　"w"→"y"とつながるリストに"x"を追加する場合

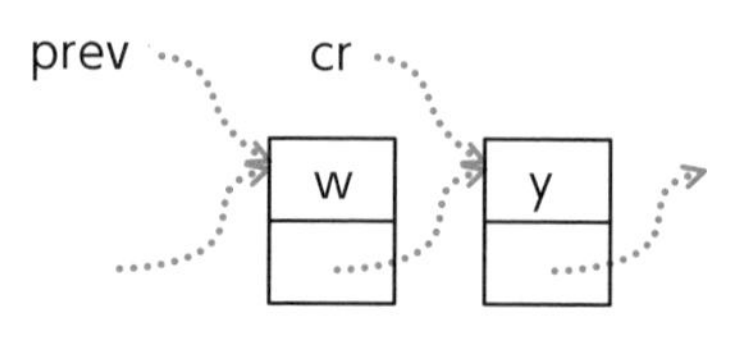

④「crが未定義」又は「cr.data≠moji」のいずれかが成り立つ場合には、ListTemplate型のインスタンスを生成した後、次の図のイメージになるように値を設定する。

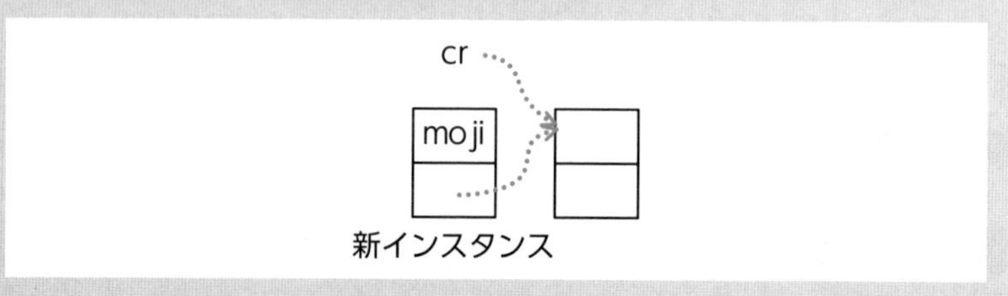

⑤prevが初期値の「未定義」のままであるか否かにより、追加位置がリストの先頭かどうかを調べ、それぞれ次のイメージになるように値を設定する。

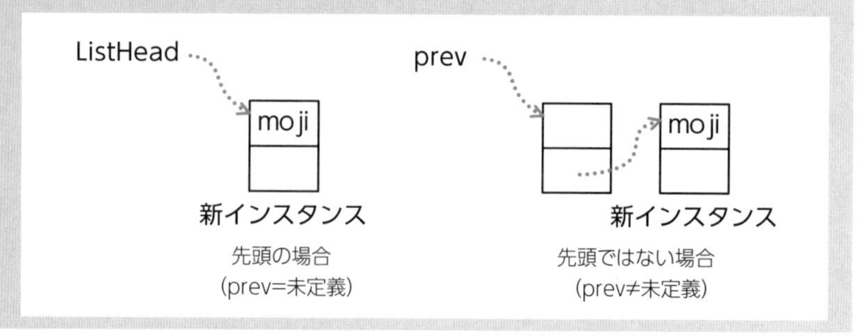

(1)「prevが未定義」の判定は、プログラム中の注釈にもあるように、文字の追加位置がリストの先頭か否かを調べるためのものである。

繰返し処理の終了後に変数prevが初期値の未定義のままであるということは、繰返し処理が1回も実行されなかったこと、つまり、追加位置がリストの先頭であることを示す。

このときに行う必要があるのは、上記⑤の図の左側、すなわち、リストの先頭要素への参照を格納する変数ListHeadの値を、新たに先頭となるtmpに変更することである。

(2)追加位置がリストの先頭ではない場合には、上記⑤の図の右側、すなわち、prevの参照先をtmpに変更する。

練習 50

問題➡ P.72

解答　(1)ア　b ← c.pointer　(2)エ　c.pointer ← a

<考え方>
ListTemplate型の三つの変数a、b、cを使い、既存のリストのつながりを逆順にする。
a、b、cの基本的な関係は、次の図のとおりである。

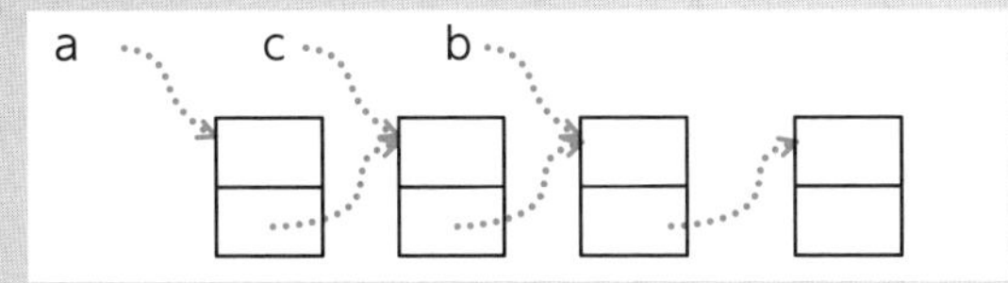

この状態で、
・cの次をaに変える
・aをcに変える
・cをbに変える
・bをcの次に変える
を実行することでリストが次のようになり、一つのつながりが逆になる。

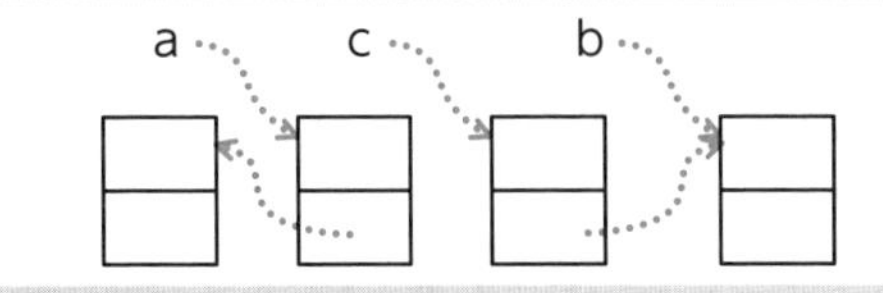

同様の操作をリストを順にたどりながら行うことで、全体のつながりが元とは逆になる。

(1)　「bをcが示す要素の次の要素に変える。」に該当する処理であり、「b ← c.pointer」が当てはまる。
(2)　「cが示す要素の次の要素をaに変える。」に該当する処理であり、「c.pointer ← a」が当てはまる。

5 木(ツリー)構造

木(ツリー)構造は、要素同士の階層関係を表現するデータ構造である。

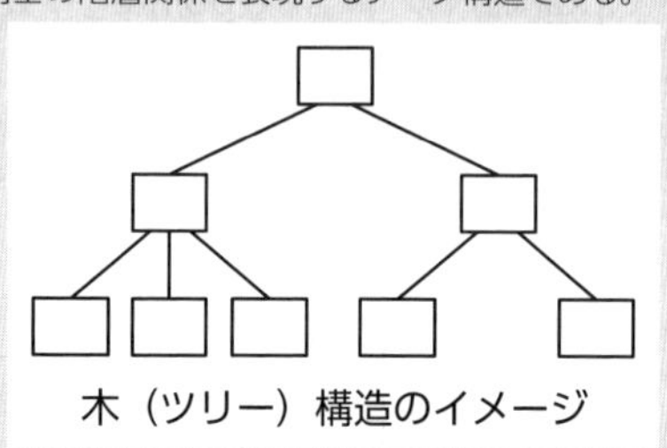
木（ツリー）構造のイメージ

上図で、□で表されるものを節(ノード)、−で表されるものを枝といい、最上位の節は根、最下位の節は葉と呼ばれる。また、ある節とその一つ下の節において、上の節を親、下の節を子という。
木構造のうち、各節の子の数が二つ以下の木を二分木といい、二つの子をそれぞれ左の子、右の子と区別する。また、ある節に注目したとき、その節の左側全体を左部分木、右側全体を右部分木という。

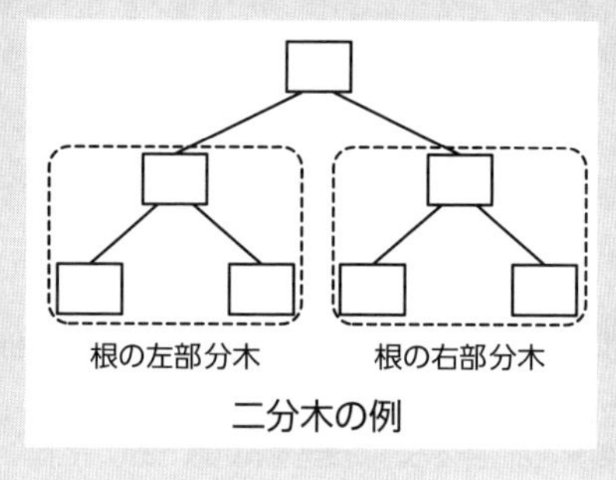

二分木の例

問題➡ P.76

解答　(1)ア　node ← node.left　　(2)イ　node ← node.right

<考え方>
二分木のうち、次の関係が成り立つものを二分探索木という。
　『左部分木のデータ<親のデータ≦右部分木のデータ』
例えば、次は二分探索木の例である(□内はデータ)。

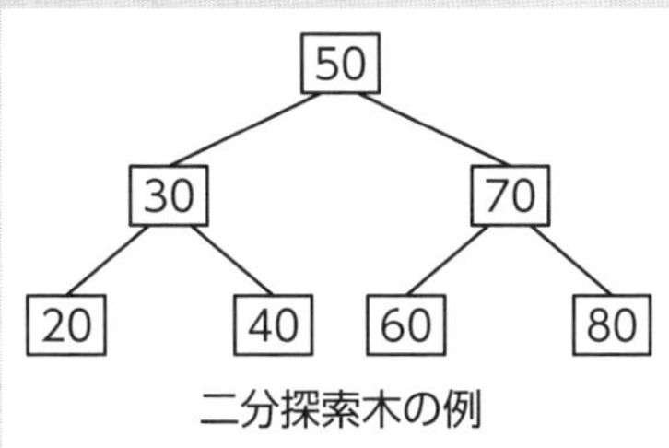

二分探索木の例

二分探索木におけるデータの探索は、より小さいデータが左部分木に存在し、より大きいデータが右部分木に存在することを利用して、探索データと比較する対象を、木の根の位置から始め、左の子又は右の子に順次変えていくことにより行う。

(1)　「node.dataがnumより大きい」が成り立つ、例えば次の図のような場合

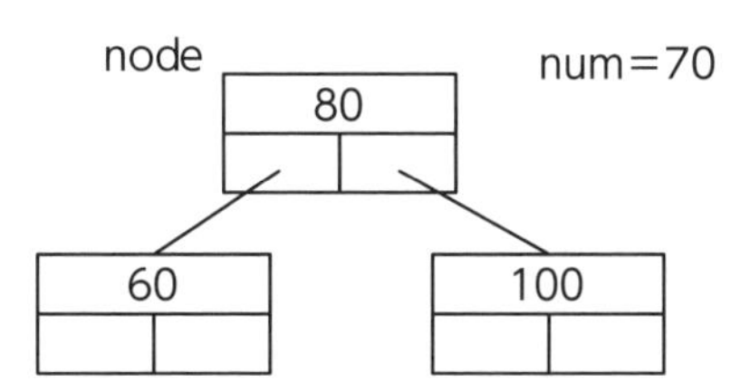

node.data(=80)よりも小さい値が存在する左部分木に比較対象を移す必要がある。そのためには、nodeが指し示している節の左の子を指すポインタ(node.left)をnodeに設定すればよい。これは、「node ← node.left」と表現できる。

(2)　(1)の場合とは逆に、node.data(=80)よりも大きい値が存在する右部分木に比較対象を移す必要があり、「node ← node.right」が当てはまる。

練習 52

問題➡P.78

解答
(1)ク　Root ← tmp　(2)エ　parent.left ← tmp
(3)カ　parent.right ← tmp

<考え方>
二分探索木にデータを追加する場合、データの探索と同様に、木の根の位置から始め、比較対象を左の子又は右の子に順次変えていき、未定義が出現したらそこに追加するが、それが親の左右どちらの子になるかの判定が必要となる。そのため、比較対象を左右いずれかの子に移す前に現在の位置を退避することで、親の位置を把握しておく。

(1)　直前の繰返し処理の終了後に「nodeが未定義」が成り立つ場合、追加データと等しい値は二分探索木に存在しておらず、追加位置が見つかったことになる。そのため、追加データnumを引数としてコンストラクタTreeを呼び出して、インスタンス、つまり新たな節を生成し、その節への参照を変数tmpに設定する。
　その後、「Rootが未定義」が成り立つ場合に、空欄(1)の処理が実行される。変数Rootは二分探索木の根の要素への参照であるが、それが未定義の場合には二分探索木に節が存在せず、tmpが一つ目の節(=根)となる。そのため、Rootにtmpを設定する。

(2)、(3)
　Rootが未定義でない場合、二分探索木には元々少なくとも一つの節が存在していたことになる。したがって、追加する節の親のデータparent.dataとnumとを比較し、parent.data>numの場合には「parent.left ← tmp」を実行して親の左の子として追加し、parent.data<numの場合には「parent.right ← tmp」を実行して親の右の子として追加する。

6 ハッシュ法

練習53

問題➡P.82

解答 (1)ウ h ← hash(h + 1) (2)カ iがn以下

<考え方>
ハッシュ値がhであるデータnumは、それが配列内に存在するならば、tbl[h]以降(末尾からはtbl[0]に戻って)のn個のうちのいずれかであるので、「num=tbl[h]」となるか、又はn回の探索を終えるまで、探索回数をカウントしながら比較を繰り返す。
繰返しが終了したとき、探索回数が格納済み要素数以下であれば、探索データを発見したことになる。

(1) 繰返しの継続条件のうちの「numがtbl[h]と等しくない」は、numと等しい値を発見できていないことを示す。また、「iがn以下」は、探索回数iが格納済み要素数nを超えていないことの確認であり、この条件によって、numと等しい値のデータが存在しない場合の無限ループの発生を防止する。

これらの条件がいずれも成り立つということは、「numと等しい値のデータを発見できておらず、かつ、引き続き探索を行う必要がある」ことを示す。したがって、次の位置のデータとの比較を行うために、添字hを一つ進める処理が必要となるが、単純に「h ← h + 1」を実行すると、実行前のhが99であるときに、実行後のhが添字の上限を超えてしまう。そこで、「h ← hash(h + 1)」を実行することにより、h=99の次にh=0となるようにする。

(2) この条件式が真と判定された場合、numと等しい値のデータを発見できたことになる。

直前の繰返し処理が終了したとき、「num=tbl[h]」(発見できた)か、又は「i>n」(発見できなかった)が成り立っている(これらが同時に成り立つことはない)。

したがって、「numと等しい値のデータを発見できた」ときに真となる条件が解答となり、「numがtbl[h]と等しい」、あるいは「iがn以下」の2種類が考えられるが、選択肢にある後者が解答になる。

7 整列

練習 54

問題➡ P.90

解答 (1)イ　tbl[i] ← tbl[j]　　(2)ウ　tbl[j] ← wk

<考え方>
選択法は、配列の先頭に最小値、先頭から2番目に2番目に小さい値、…、末尾に最大値、という順に配列要素を確定させていく整列法である。
本問では、二重ループの内ループが終了する都度、配列の先頭から順に、値の小さい方から順に位置が確定していく。

(1)、(2)

変数 j の値を変化させるループにおいては「 j > i 」が常に成立するので、tbl[i]はtbl[j]よりも前の位置となる。したがって、「tbl[i]がtbl[j]より大きい」が成り立つ場合、tbl[i]とtbl[j]は降順であり、値を交換する必要が生じる。その際、

①いずれか一方の値を退避しておく。
②退避した方に、他方の値を格納する。
③他方に、退避しておいた値を格納する。

の三つの処理が必要となり、②、③が、それぞれ空欄(1)、(2)に相当する。

①に相当する「wk ← tbl[i]」でtbl[i]を退避しているため、空欄(1)が「tbl[i] ← tbl[j]」、空欄(2)が「tbl[j] ← wk」となる。

練習 55

問題➡ P.91

解答 (1)イ　m ← j　　(2)オ　tbl[i] ← tbl[m]
(3)ケ　tbl[m] ← wk

<考え方>
内容は前問と同じだが、前問のプログラムの場合、交換されたデータが更に交換される「無駄な交換」が生じる。
本問では、それを回避するために、外ループの変数 i の値を変数mの初期値としておき、それよりも小さいデータが出現したら、mがそこを示すようにmの値を変更することで、mが常に最小値の位置(添字)となるようにする。そして、内ループが終了して、最小値の位置が確定した時点でデータ自体を交換する。

(1)　仮の最小値tbl[m]よりも更に小さい値tbl[j]が出現したら、mの値を j の値で更新する。

(2)、(3)

内ループ終了時点で「 i がmと等しくない」が成り立つとき、空欄(1)の処理が必ず実行されている。つまり、tbl[i]は最小値ではなく、tbl[m]が最小値である。このとき、

①tbl[i]の値を変数wkに退避する(wk ← tbl[i])。
②tbl[i]にtbl[m]の値を格納する(空欄(2)の処理)。
③tbl[m]にwkに退避した値を格納する(空欄(3)の処理)。

を実行し、tbl[m]とtbl[i]を交換する。

練習 56

問題➡ P.92

解答 (1)ア　**1からｉ－1まで1ずつ増やす**

<考え方>
交換法は、配列の先頭から順に隣接するデータを比較し、小さい方が前、大きい方が後ろになるようにすることで、配列の末尾に最大値、末尾から2番目に2番目に大きい値、…、先頭に最小値、という順に配列要素を確定させていく整列法である。
常に隣接するデータ同士を比較・交換するため、比較対象位置を示す添字として用いる変数は一つでよい。本問では、比較対象位置を示す添字として、変数ｊを用いている。

(1)　交換法では、外ループを実行する都度、範囲内の最大値が配列の末尾から順に確定していく。そのため、内ループの実行範囲を後ろの方から狭めていく必要がある。
　内ループではtbl[ｊ]とtbl[ｊ ＋ 1]との比較を行なっているため、内ループ実行の
　・第1回目では、ｊが1からn−1まで変化
　・第2回目では、ｊが1からn−2まで変化
　　・・・・
　・第n−1回目では、ｊが1から1まで変化
するようなｊの変化を考えると、ｊを「1からｉ−1まで1ずつ増やす」ことにより実現できることが分かる。

練習 57

問題➡ P.93

解答 (1)ウ　**flg ← 1**

<考え方>
交換法では、内ループを実行する過程で1回も交換が発生しなかったとき、配列内が整列済であり、処理を終了することができる。
本問では、変数flgを用い、外ループの継続条件に「flgが1と等しい」を含めておく。そして、外ループの実行の都度flgを0で初期化しておき、内ループにおいて交換が発生したときにflgを1に切り替えることで、内ループの終了時点で「flg=1」が成り立つ、つまり、交換が発生した場合に処理が継続し、flgが0のままである場合には処理を終了するようにしている。

(1)　交換が発生した場合に、変数flgの値を0以外の値に変更する。外ループの継続条件に「flgが1と等しい」が成り立つことが含まれているので、0以外の値として適切なのは1である。

練習58

問題➡ P.94

解答	(1)エ　(mが1より大きい) or (flgが1と等しい) (2)キ　iが(n − m)以下

<考え方>
内容は前問と同じだが、通常の交換法では、1回の交換につき一つしか位置が変化しないため、位置が確定するまでに多数の移動、つまり交換が発生することがある。交換の都度3回の代入処理が必要となるため、これでは処理効率が悪い。
本問では、ある間隔mだけ離れた要素同士を比較することで、小さいデータを前方に、大きいデータを後方に移動させる際、途中の交換処理を飛ばして、一気に前方・後方に移動させることにより、無駄な交換が生じないようにしている。
この処理を間隔mを半分にしながら繰り返すことにより、最終的に全体を昇順に整列する。

(1)　m>1が成り立つか、又は交換が発生した場合には整列処理を続行する必要がある。交換が発生したとき、初期値が0である変数flgの値が1に変わるので、継続条件には「(mが1より大きい) or (flgが1と等しい)」が当てはまる。

(2)　tbl[i]とtbl[i+m]との大小比較において、i+mが配列末尾のnを超えないiの上限は、i+m≦nより、n−mとなる。つまり、「iが(n−m)以下」が成り立つ間、比較処理を続ける必要がある。

練習59

問題➡ P.95

解答	(1)ウ　iから1まで1ずつ減らす

<考え方>
挿入法は、次の図のように、処理対象の要素を一つずつ増やしながら、追加した要素の整列済み要素への挿入位置を、後方から前方に向かって探していく、というアルゴリズムである。

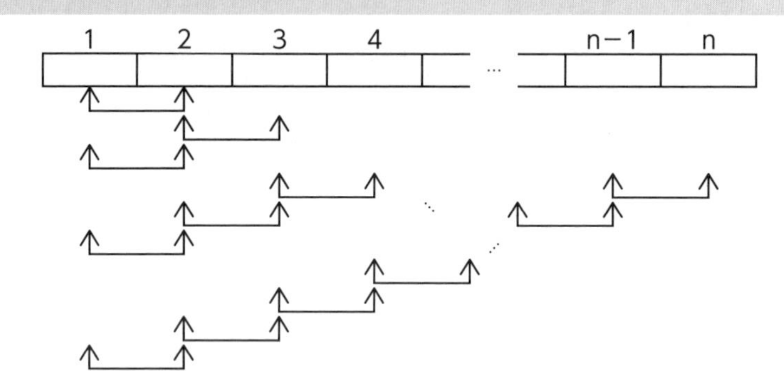

(1) 比較及び交換をtbl[j]とtbl[j + 1]に対して行っているので、外ループで1からn−1まで1ずつ変化する変数 i に対し、内ループにおける比較は、

・i =1のとき、tbl[1]とtbl[2]

・i =2のとき、tbl[2]とtbl[3]、tbl[1]とtbl[2]

…

・i =n−1のとき、tbl[n − 1]とtbl[n]、tbl[n − 2]とtbl[n − 1]、…、tbl[1]とtbl[2]

となる。したがって、j は i から1まで1ずつ減らせばよいことになる。

練習 60

問題➡ P.96

解答 (1)イ tbl[j + 1] ← tbl[j] (2)エ tbl[j + 1] ← wk

<考え方>

内容は前問と同じだが、三つの代入処理で交換を行うのではなく、挿入対象データを退避しておき、挿入対象データよりも大きなデータを一つ後ろへ移動させながら、挿入対象データ以下のデータが出現するか、又は比較相手がなくなったら、その直後に挿入する、という方法を用いることで、無駄な交換の発生を回避する。

(1) 「wkがtbl[j]より小さい」が成り立つ場合、つまり、挿入対象データwk(=tbl[i])よりもtbl[j]の方が大きい場合には、tbl[j]を一つ後ろにずらす。そのためには「tbl[j + 1] ← tbl[j]」を実行すればよい。

(2) 内ループが終了した時点で、wk≧tbl[j]が成り立つ(wk以下のデータが出現した)か、又は j =0が成り立つ(wkより前方の全データとの比較が終了した)。wkはその直後、すなわち j +1番目に挿入するので、「tbl[j + 1] ← wk」を実行する。

練習 61

問題➡ P.97

解答 (1)カ i, j − t (2)ウ i + t, j

<考え方>

再帰呼出し、つまり自分自身を呼び出す際の引数が具体的にどのようになるのかは、次のように考えることができる。

整列対象がtbl[i]〜tbl[j]のとき、その要素数は「 j − i + 1」であり、その1/3をtで表すものとする。そして、a、b、c、dを

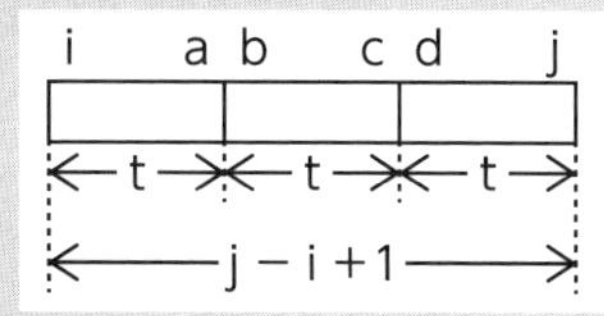

のように仮定すると、先頭2/3の要素はtbl[i]〜tbl[c]、末尾2/3の要素はtbl[b]〜tbl[j]となる。

ここで、tbl[i]〜tbl[a]、tbl[b]〜tbl[c]、tbl[d]〜tbl[j]は、いずれも要素数がtであるので、a、b、c、dを i 、j 、及びtで表すと、

a− i +1=tより、a= i +t−1、b=a+1= i +t
j −d+1=tより、d= j −t+1、c=d−1= j −t
となる。
したがって、
先頭2／3の要素：tbl[i]〜tbl[j −t]
末尾2／3の要素：tbl[i +t]〜tbl[j]
となる。

(1) 一つ目、及び三つ目の再帰呼出しの引数には先頭2／3の要素の範囲（添字）を指定するので、空欄には「i , j − t」が当てはまる。
(2) 二つ目の再帰呼出しの引数には末尾2／3の要素の範囲（添字）を指定するので、空欄には「i ＋ t, j 」が当てはまる。

問題➡ P.98

解答
(1)オ d[tbl[i]] ← d[tbl[i]] + 1
(2)ア 1からd[i]まで1ずつ増やす　(3)カ tbl[j] ← i

<考え方>
プログラムは、大きく次の二つの処理からなり、これらの実行によって、配列が昇順に整列される。
①配列に格納された整数値の個数のカウント
②添字に該当する整数値の個数分、その整数値を配列に格納

(1) 配列tbl全体を走査し、整数値 i の個数を配列d[i]に求める。そのためには、0で初期化した配列dに対し、tbl[i]を添字とする要素に1を加えればよい。したがって、「d[tbl[i]] ← d[tbl[i]] ＋ 1」が当てはまる。
例えば、tbl[6]、tbl[8]、tbl[10]が5のとき、d[5]の内容は、0→1→1+1→2+1=3と変化する。
(2) 変数 i 、 j 、kはそれぞれ、配列tblに格納する整数値、配列tblの添字、格納する個数のカウンタである。
変数 i が示す整数値を、その個数分tblに格納するのは、個数が0ではないときであるので、格納する個数のカウンタkを「1からd[i]まで1ずつ増やす」ことで、整数値 i の個数が0の場合には、「kを1から0まで1ずつ増やす」となり、整数値の格納は行われない。
(3) 整数値 i をその個数分だけ配列tblに格納するためには、カウンタkで個数を数えながら、「tbl[j] ← i」を実行すればよい。

練習63

問題➡ P.100

解答

(1)ウ　a[l]がa[r]より大きい　(2)ア　a[l]がa[p]より大きい
(3)イ　a[r]がa[p]より大きい　(4)ア　a[l]がa[p]より大きい

<考え方>
ヒープは木構造で図示されることが多いが、通常の木構造とは異なり、親に対する左右の子の格納位置や、左右の子の親の格納位置をポインタとして保持する必要がなく、データのみを一次元配列に格納することによって表現することができる。それは、ヒープでは

- ・左の子の格納位置=親の格納位置×2
- ・右の子の格納位置=親の格納位置×2+1=左の子の格納位置+1

の関係が全ての親子について成り立つためである。
また、ヒープ内の親子には、次のいずれかの状態がある。

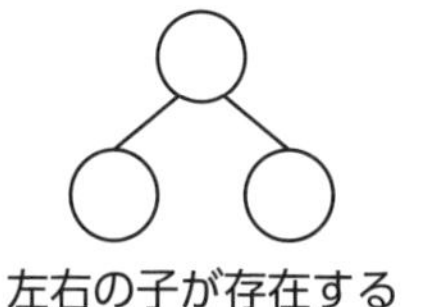

左右の子が存在する　　左の子のみが存在する

本問のプログラムは、次の二つで構成される。

○heapsort(整数型：n)
未整列要素数が1になるまで、次の処理を繰り返す。
(1)最後(添字が未整列要素数÷2)の親から最初(添字が1)の親まで順に、親の添字と未整列要素数を引数として、プログラムmakeheapを呼び出す。
(2)プログラムmakeheapから戻ってくると、未整列要素内の最大値が根(添字が1)の位置に格納されているので、これを未整列要素の末尾と交換する。
(3)未整列要素数を一つ減らし、(1)に戻る。

○makeheap(整数型：p, 整数型：num)
親の添字と未整列要素数を受け取り、右の子が存在するか(未整列要素の範囲内か)どうかにより、次の処理を行う。
・存在する場合
左右の子の大きい方と親を比較し、大きい方の子が親より大きい場合には、大きい方の子と親を交換後、大きい方の子の添字と未整列要素数を引数として、makeheapを再帰呼出しする。
・存在しない場合
左の子が存在するかどうかを調べ、左の子が存在し、かつ親よりも大きい場合には、左の子と親を交換後、左の子の添字と未整列要素数を引数として、makeheapを再帰呼出しする。
なお、副プログラムmakeheapでは、引数pが親の添字を表し、変数l及びrが、それぞれ左の子、右の子の添字を表している。
makeheapを再帰呼出しするのは、例えば次の図の左側のように、①の親子、②の親子の順に親のデータが最大になるようにした後、③の親子についても親のデータが最大になるようにすると、次の図の右側のようになり、②の親子が「親のデータ<子のデータ」となってしまうためである。

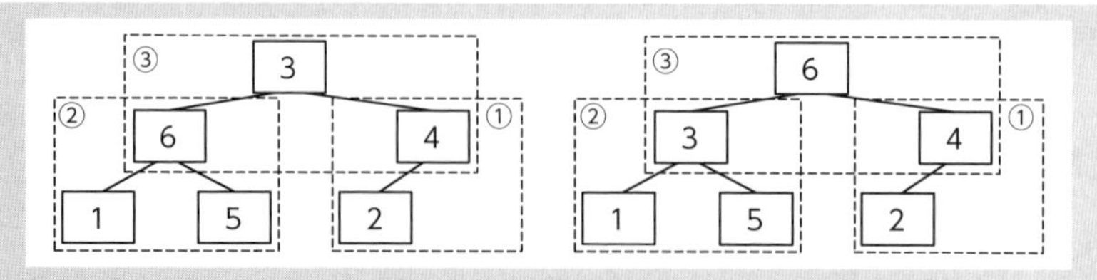

そこで、親と交換した方の子の添字と未整列要素数を引数としてmakeheapを再帰呼出しすることで、親と交換した方の子が親とみなされ、下図のように、親のデータと子のデータの大小関係を正すことができる。

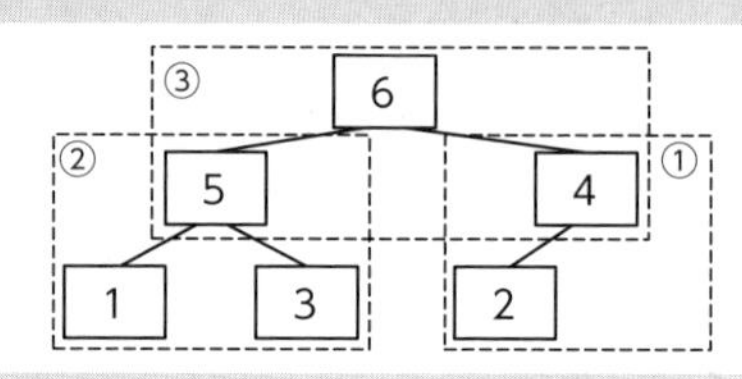

(1)　l(左の子の添字)やr(右の子の添字)は、親の添字pを基に計算によって求めるため、対象としている親子にはlやrが示す子が存在しない、あるいは既に位置が確定しており、未整列要素からは外れていることがあり得る。そのような場合には、lやrがnum(未整列要素数)よりも大きくなる。

「rがnum以下」が成り立つ場合、右の子が存在し、かつ未整列要素に含まれることになり、左の子についても同様である。そこで、親、左の子、右の子の各データの中のどれが最大かを調べるために、初めに「a[l]がa[r]より大きい」が成り立つかどうかにより、左右の子のデータでどちらが大きいかを調べる。これが成り立てば「a[l]>a[r]」であり、続いて空欄(2)の判定を行う。一方、成り立たなければ「a[l]≦a[r]」であり、続いて空欄(3)の判定を行う。

(2)　「a[l]>a[r]」の場合に実行され、空欄(2)の条件式が真と判定されると、左の子と親が交換される。これは、三つの中で左の子のデータが最大である場合に実行する処理であるため、空欄(2)では、左の子のデータが親のデータよりも大きいかどうか、つまり「a[l]がa[p]より大きい」が成り立つかどうかを調べればよい。

(3)　「a[l]≦a[r]」の場合に実行され、空欄(3)の条件式が真と判定されると、右の子と親が交換される。これは、三つの中で右の子のデータが最大である場合に実行する処理であるため、空欄(3)では、右の子のデータが親のデータよりも大きいかどうか、つまり「a[r]がa[p]より大きい」が成り立つかどうかを調べればよい。

(4)　「rがnum以下」が成り立たず、かつ「lがnum以下」が成り立つ場合には、左の子のみが比較の対象となる。そして、空欄(4)の条件式が真と判定されると、左の子と親が交換される。これは、親のデータと左の子のデータとでは左の子のデータの方が大きい場合に実行する処理であるため、空欄(4)では、左の子のデータが親のデータよりも大きいかどうか、つまり「a[l]がa[p]より大きい」が成り立つかどうかを調べればよい。

問題➡ P.102

解答	(1)イ　l − 1	(2)カ　r + 1
	(3)ク　より小さい	(4)ケ　より大きい

<考え方>
クイックソートは、基準値を決め、整列対象のデータを「基準値以下のデータ」と「基準値より大きいデータ」のグループに分け、これらのグループに対して同様の操作を繰り返すことにより、最終的にどのグループにも1個以下のデータが含まれるようになった時点で整列が完了する、というアルゴリズムである。
本問のプログラムは、次の二つで構成される。
○quicksort(整数型の配列：a, 整数型：l, 整数型：r)
　整列対象データが格納された配列と整列範囲（範囲の左端と右端の添字）を引数に受け取り、各グループのデータ数が1個以下になるまで、「左端〜基準値」と「基準値の右隣り〜右端」の二つのグループに分ける、という処理を再帰的に繰り返すことで、昇順に整列する。

○整数型：partition(整数型の配列：a, 整数型：l, 整数型：r)
　整列対象データが格納された配列と整列範囲（範囲の左端と右端の添字）を引数に受け取り、整列範囲の左端の値を基準値の初期値として、「配列を左（前方）から見たとき、最初に見つかる基準値以上の要素a[i]」と「配列を右（後方）から見たとき、最初に見つかる基準値以下の要素a[j]」において、「 i < j 」が成り立つならば、a[i]とa[j]を交換する、という処理を「 i ≧ j 」となるまで繰り返すことで、基準値以下の値を配列の前方に、基準値以上の値を配列の後方に、それぞれ集める。そして、「 i ≧ j 」となった時点で、変数 j の値を基準値の位置として呼出し元に返す。

(1)、(2)
　副プログラムpartition内の二つの内ループは、どちらもループ内の処理を実行した後に継続／終了を判断する「後判断型」であり、ループ終端の継続条件に第1回目に達したとき、それぞれ「a[l]とpivot（基準値）との比較」、「a[r]とpivot（基準値）との比較」が行われる必要がある。したがって、変数 i 及び j の初期値は、それぞれ「 l − 1」、及び「r + 1」となる。

(3)　このループは、配列を左（前方）から見ていったとき、基準値以上の要素が見つかった時点で終了する。したがって、「a[i]が基準値未満」がループの継続条件となり、空欄(3)には「より小さい」が当てはまる。

(4)　このループは、配列を右（後方）から見ていったとき、基準値以下の要素が見つかった時点で終了する。したがって、「a[i]が基準値より大きい」がループの継続条件となり、空欄(4)には「より大きい」が当てはまる。

練習65

問題➡P.104

解答		
	(1)ク　m + 1, r	(2)カ　m − l + 1
	(3)ウ　hv	(4)キ　m + 1

<考え方>
マージソートは、配列内のデータに対し、要素数が1になるまで分割を繰り返し、その後に併合して、昇順(又は降順)の整列を完成させる方法である。
マージソートは、次の手順に従って行われる。
①並べ替える配列の要素数が1であれば整列済配列とし、呼出し元に処理を戻す。2以上であれば、次に続く。
②配列を前半と後半に分割する。
③分割された配列を前半、後半の順でそれぞれマージソートによって整列する。
④整列された前半、後半の配列の要素を、比較しながら併合する。

(1)　整列範囲のa[l]〜a[r]において、前半がa[l]〜a[m]であるので、後半はa[m+1]〜a[r]となる。したがって、空欄には、その両端の要素の添字「m + 1, r」が当てはまる。
(2)　a[l]〜a[r]を前半、後半に二分する際の、前半の要素数を変数n1に求める。前半はa[l]〜a[m]であるので、その要素数は「m−l+1」で求めることができる。
(3)　プログラムmergeでは、最後のループで、配列llの要素(前半)と配列rrの要素(後半)から値の小さい順に取り出して併合するが、どちらか一方の配列要素が全て取り出され、他方が残ることが考えられる。配列ll及びrrの末尾の直後にデータよりも大きい値であるhvを入れておくことにより、要素が全て取り出された方の値はhvとなり、要素が残っている方が常に小さいと判定され、それらを取り出すことができる。
(4)　前半a[l]〜a[m]を配列llに転記した後、後半a[m + 1]〜a[r]を配列rrに転記するために、変数jの初期値を「m + 1」とする。

8 文字列処理

練習 66

問題➡ P.108

解答 (1)ウ　char[d]

<考え方>
文字型の配列charには、要素番号(添字)に相当する文字データが格納される。

	0	1	2	3	4	5	6	7	8	9
char	"0"	"1"	"2"	"3"	"4"	"5"	"6"	"7"	"8"	"9"

(1)　引数dに受け取った1桁の整数を配列charの要素番号とみなし、そこに格納されている文字「char[d]」を返せばよい。

練習 67

問題➡ P.110

解答 (1)ウ　i + j − 1　(2)カ　flgがtrueと等しい

<考え方>
テキスト文字列mojiとパターン文字列ptnとを先頭から順に比較していき、パターン文字列ptnに比較する文字がなくなった時点で、パターン文字列が含まれていることが判明する。
変数 i は、比較を開始する時点のテキスト文字列mojiの文字位置(添字)を示す。比較位置を順に右にずらすために、内ループで1ずつ増える j を、それぞれの添字に利用する必要がある。

(1)　例えば、ある時点の比較が

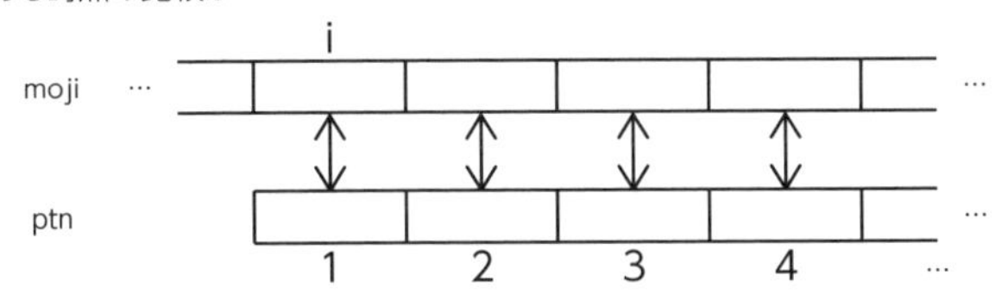

のように行われるとき、moji[i]とptn[1]、moji[i +1]とptn[2]、moji[i +2]とptn[3]、…、moji[i +n-1]とptn[n]のように行われる場合を考えると、ptn[j]と比較されるのは、moji[i + j -1]であることが分かる。

(2)　この条件が成り立つとき、moji中のptnと一致するパターンの個数を示す変数cntの値が1増える。したがって、直前の繰返し処理の結果、ptnと一致するパターンを発見したときに真となる条件が当てはまる。ptnと一致する部分文字列を発見して直前の繰返し処理が終了した場合、パターン文字列ptnに比較する文字がなくなり、「 j >n」となっている。一方、変数flgは初期値のtrueのままであるので、「flgがtrueと等しい」が解答となる。

練習 68

問題➡ P.112

解答 (1)ア　c ← i

<考え方>
処理内容は前題と同じであるが、テキスト文字列中の全てのパターン文字列を見つける必要はなく、一つ見つけた時点で、パターン文字列の先頭文字と比較したテキスト文字列の文字位置(添字)を呼出し元に返す。

(1)　比較中に不一致が発生した場合、内ループの実行中にbreakによって内ループが終了する。一方、パターン文字列の最後の文字(n文字目)までが全て一致していた場合には、j >nとなって内ループが終了する。したがって、内ループの終了後、j >nが成り立つか否かにより、パターンが含まれていたかどうかが判定できる。

　空欄(1)の処理は、パターンが含まれていた場合に実行され、ここで行うのは、そのパターンの先頭文字と比較した、テキスト文字列の文字位置 i を、変数cに設定する処理となる。

練習 69

問題➡ P.113

解答 (1)エ　i ← i − j + 2

<考え方>
処理内容は前の二つの問題と同じであるが、本問では、テキスト文字列の文字位置を示す変数 i の値を直接1ずつ増やしながら、パターン文字列ptnと比較していく。そのため、パターン文字列を発見、あるいは比較中に不一致が発生して、新たに次回の比較を開始する際には、テキスト文字列中の比較を開始する文字位置を一つ右にずらす(今回の開始位置+1を設定する)必要がある。

(1)　一致した部分文字列も探索対象に含めるので、テキスト文字列mojiの、比較を開始する文字位置 i は、1ずつ増やしていけばよい。ただし、内ループにおいて、i そのものを変化させているため、パターンを発見した／しないによらず、内ループが終了した時点の変数 i は、比較を開始した位置よりも j -1だけ大きくなっている。

　したがって、次回の比較開始位置を、今回の比較開始位置の次の位置に設定するためには、i から大きくなっている分の j -1を引き、それに1を加えた値、すなわち、i -(j -1)+1= i - j +2を新たな i の値とすればよい。

練習 70

問題➡ P.114

解答 (1)オ　i + n　　(2)ウ　i + 1

<考え方>
処理内容は基本的には前の三つの問題と同じであるが、一致した部分文字列を探索対象から除くため、パターンを見つけた場合と比較中に不一致が発生した場合とで、次回のテキスト文字列の比較を開始する文字位置の設定が異なる。具体的には、次回のテキスト文字列の比較を開始する文字位置は、パターンを見つけた場合には「今回の開始位置+パターンの文字数」となり、比較中に不一致が発生した場合には「今回の開始位置+1」となる。

(1)、(2)

内ループ終了時点の変数flgがtrueならばパターンを発見したことを、trueでない(falseである)ならば比較中に不一致が発生したことを、それぞれ示す。

したがって、それぞれの空欄に該当するのは、空欄(1)が、「iの値をパターンの文字数(=n)増やす処理」、空欄(2)が、「iの値を1増やす処理」となる。

練習71

問題➡ P.115

解答 (1)ウ　i ← i − j + 2

<考え方>

前題と同様に、パターン文字列と一致するパターンをテキスト文字列中に発見したときと、比較中に不一致が発生したときとで、次回の比較開始位置を変えなければならないが、本問では、文字同士の比較中にテキスト文字列mojiの添字iを直接変化させている点が異なる。

(1)　テキスト文字列中にパターン文字列と一致するパターンを発見した場合、変数iは一致部分の末尾の次の文字の位置まで変化しているため、そのまま新たな比較を開始することができる。一方、比較中に不一致が発生した場合には、不一致の位置まで変化しているiの値を、今回の比較開始位置の次の位置に戻す必要が生じ、それが空欄に当てはまる。

例えば、moji[i]とptn[j]の3文字が一致して4文字目が不一致のとき、

今回の比較開始位置
次回の比較開始位置
i
moji …　…
不一致
ptn …
1　j　n

のように、iは今回の比較開始位置からj-1だけ右方向に移動している(この例だと3文字右にずれている)ので、この移動分を引いて1を加えた値「i-j+2」が、次回の比較開始位置となり、これを変数iに設定する。

練習72

問題➡ P.116

解答 (1)イ　jを0から(n − 1)まで1ずつ増やす

<考え方>

文字列aを先頭から順番に見ていき、タブ文字ではない場合にはそのまま文字列bに出力し、タブ文字の場合にはn回繰り返されるループにより、n文字分の空白文字を文字列bに出力する。

(1)　タブ文字をn文字分の空白文字に置き換えて文字列bに格納するための、n回繰り返されるループの制御である。

問題文に記載の例の場合、n=2なので、jを使って2回繰り返すようにする。もし、解答群ウ、エのようにjを1から数えるのであれば、「nまで」にしないと2回の繰り返しにならない。

練習 73

問題➡ P.117

解答　(1)イ　k ← i + 1　(2)ウ　a[k]がa[i]と等しい
(3)オ　b[j] ← a[i + 1]

<考え方>
文字列aの中で、同一文字が3文字以上連続する場合に「文字」と「連続文字数」に置き換え、文字列bに出力する。数値データである連続文字数は、そのままでは文字列bには出力できないため、連続文字数に相当する文字に変換するために、文字型の配列cを利用する。
置換えの有無によらず、a[i]をb[j]に転記して、その次の文字以降の文字がa[i]と同じか否かを調べる。

(1)　直後の条件で使用する変数kを初期化する。a[i]は既にb[j]に転記済みであるので、同一文字が連続するか否かは、iの次の位置の文字以降を調べればよい。そのため、kにi+1を設定する。

(2)　連続文字数をカウントするループの継続条件の一部である。このループの中でiは変化せずkは1ずつ増えていく。kの初期値はi+1であるから、a[i]とその次の文字以降との比較が繰り返されることになる。その間に、連続する回数をカウントするcが1ずつ増えていくことから、ここでの継続条件は、「a[k]がa[i]と等しい」となる。

(3)　直前の繰返し処理が終了した時点の状態には、次の3通りがある。

※1

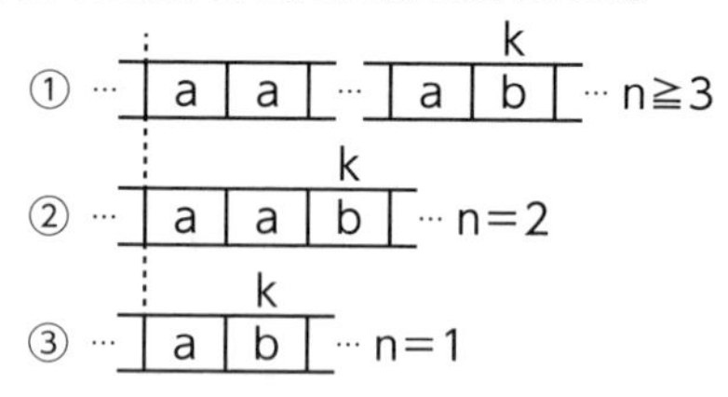

①〜③は、それぞれ"a"が3文字以上連続する場合、2文字連続する場合、1文字で連続しない場合である。いずれの場合でも、左端の"a"は既に文字列bに転記済みなので、それぞれの場合で必要となる処理は、次のようになる。

①:転記済みの"a"の直後に、連続文字数を数字として格納
②:転記済みの"a"の直後に、2文字目の"a"、すなわち、a[i+1] (a[i]でもよい)を格納
③:なし

空欄(3)は②の場合の処理なので、「b[j] ← a[i+1]」が当てはまる。

練習 74

問題➡ P.118

解答　(1)エ　c, n, l+1, r

<考え方>
文字列cに格納されている、全てが異なる英小文字の並び順を変えた順列を出力する。問題文とプログラムを対応付けると、空欄は(3)の②に該当するが、「(1)に戻る」というのは、プログラムpermutationの再帰呼出しである。

(1)　仮引数lとrは、配列要素ではなく、要素番号(添字)であるので、「c[l+1]〜c[r]を対象範囲」とする際の実引数には、c[l+1]とc[r]ではなく、それぞれの要素番号「l+1」と「r」を指定する。

問題➡ P.119

解答　(1)ウ　n[t mod 16]　(2)ア　t ÷ 16

<考え方>

文字列x、文字列yに格納されている数字と英文字を16進数とみなし、x+yの結果を文字列zに求める。

文字型の配列nに設定された文字を用いて、文字から10進数の数値に変換して加算し、その結果を16で割った剰余を文字に変換して文字列zに格納する。また、加算結果を16で割った商を整数で求め、次の桁への桁上りとする。

問題文に記載されている例の場合、次の計算が行われる。

	x[i]		y[i]		c	t	z[i]
	16進数 (文字型)	10進数 (数値型)	16進数 (文字型)	10進数 (数値型)	10進数	10進数	16進数 (文字型)
1回目 (i=3)	"a"	10	"c"	12	0	10+12+0 =22	n[22 mod 16] ="6"
2回目 (i=2)	"f"	15	"b"	11	22÷16=1	15+11+1 =27	n[27 mod 16] ="b"
3回目 (i=1)	"3"	3	"4"	4	27÷16=1	3+4+1 =8	n[8 mod 16] ="8"
4回目 (i=0)	"0"	0	"1"	1	8÷16=0	0+1+0 =1	n[1 mod 16] ="1"

(1)　x及びyの下位桁から順に、関数tonumによって数値に変換した値と、下位桁からの桁上がりcの合計を変数tに求める。例えば、t=22の場合、zのｉ桁目は6となる。この6は、tを16で割ったときの剰余「t mod 16」で求めることができるが、文字型であるzには数値を直接格納することはできないため、上のように、文字型の配列n6番目の文字"6"を格納する。

(2)　tを16で割った商の整数部をcに格納することで、cには上位桁への桁上りが求まり、それが次の桁の計算で使用される。

なお、変数t及びcはどちらも整数型であるため、t÷16の商は、自動的に整数として求まる。

練習76

問題➡P.120

解答　(1)カ　n[k] ← n[k] + 1　(2)オ　n[k] ← n[k] − 1　(3)ア　c[i]

<考え方>
文字型の配列a及びbに格納されている各文字の個数を保持する配列nを使い、初めにbの各文字の個数を求める。その後、aの各文字の個数をnから減ずることで、bのみに含まれる文字に該当するnの要素のみが非ゼロとなるので、それに該当する文字を表示する。
関数instrは、注釈にあるとおり、引数に受け取った文字が、文字型の配列cの先頭から何番目かを返す。例えば、"a"ならば1が、"z"ならば26が、それぞれ返される。この値を配列nの添字に用いることで、"a"〜"z"の各文字とその個数とを対応付けることが可能となる。

例)

	1	2	3	4
配列a	a	b	c	
配列b	e	a	b	c

1つ目のfor文実行後

	1	2	3	4	5	
配列n	0	0	0	0	0	…

2つ目のfor文実行後

	1	2	3	4	5	
配列n	1	1	1	0	1	…
	a	b	c		e	←…対応する文字

3つ目のfor文実行後

	1	2	3	4	5	
配列n	0	0	0	0	1	…

(1)、(2)
　配列bについては、b[i]に対応する配列nの要素の値を1ずつ加算していく。一方、配列aについては、a[i]に対応するnの要素の値を1ずつ減算していく。

(3)　上記のように、配列b及びaの走査が完了すると、bのみに含まれる文字に対応する配列nの要素の値のみ0にならないので、i を1から26まで1ずつ変化させながら「n[i]≠0」である要素を探し、見つかった時点でc[i]を表示する。また、その時点でプログラムを終了させることができる。

練習77

問題➡P.122

解答　(1)イ　true　(2)エ　sp ← sp + 1　(3)ウ　sp ← sp − 1

<考え方>
後置記法(逆ポーランド記法)で誤りなく記述された式を先頭から走査して、その種別(英字かそれ以外か)に応じて、それぞれに該当する処理を行うことで、中置記法の式に変換する。

(1)　関数isoperandは、要素exp[i]を引数xに受け取り、それが"+"、"-"、"*"、"/"のいずれかである場合にはfalseを、これらではない、つまりオペランドである場合にはtrueを返す。
　空欄(1)を含む条件式が真と判定された場合、exp[i]をstackのsp行目に複写するが、これはexp[i]がオペランドである場合に実行する処理であるので、空欄(1)には「true」が当てはまる。

(2)　文字型の二次元配列stackの行番号は1から始まるが、行番号を示す変数spの初期値が0であるため、次の「strcpy(stack[sp], exp[i])」(exp[i]をstackのsp行目に複写)を実行する前に、spに1を加算する必要がある。

(3)　「strcpy(op1, stack[sp])」によってstackの最終行の文字列をop1に取り出した後、「strcpy(op2, stack[sp])」によってstackの最終行から2番目の文字列をop2に取り出すために、spから1を減じる。

正誤・法改正に伴う修正について

本書掲載内容に関する正誤・法改正に伴う修正については「資格の大原書籍販売サイト　大原ブックストア」の「正誤・改正情報」よりご確認ください。

https://www.o-harabook.jp/
資格の大原書籍販売サイト 大原ブックストア

正誤表・改正表の掲載がない場合は、書籍名、発行年月日、お名前、ご連絡先を明記の上、下記の方法にてお問い合わせください。

お問い合わせ方法

【郵　送】 〒101-0065　東京都千代田区西神田１-３-15-３F
大原出版株式会社　書籍問い合わせ係
【ＦＡＸ】 03-3259-2612
【E-mail】 shopmaster@o-harabook.jp

※お電話によるお問い合わせはお受けできません。
また、内容に関する解説指導・ご質問対応等は行っておりません。
予めご了承ください。

基本情報技術者
[科目B] アルゴリズムとプログラミング
トレーニング問題集（第2版）

2019年３月30日　初版発行
2024年５月10日　２版３刷発行

■著　　　者――資格の大原 情報処理講座
■発　行　所――大原出版株式会社
〒101-0065
東京都千代田区西神田1-2-10
TEL 03-3292-6654
■印刷・製本――セザックス株式会社

落丁本、乱丁本はお取り替えいたします。定価はカバーに表示してあります。
ISBN978-4-86486-961-4　C3055